"十二五"职业教育国家规划教材

经全国职业教育教材审定委员会审定

工业和信息化人才培养规划教材 高职高专计算机系列

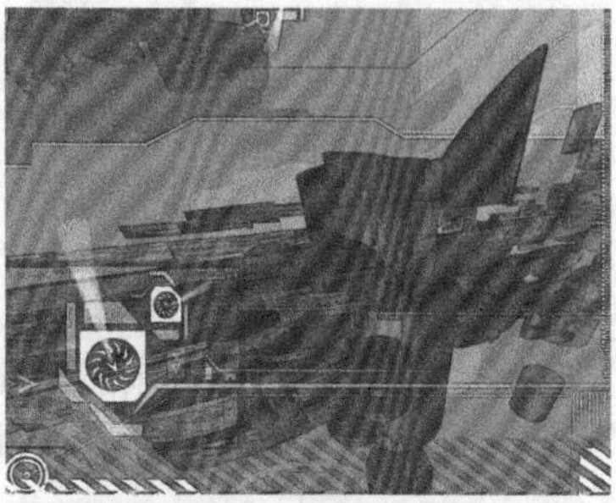

C语言实例教程（第2版）

The C Language Tutorial

赵克林 ◎ 主编

陈承欢 朱龙 ◎ 副主编

INDUSTRY AND INFORMATION TECHNOLOGY TRAINING PLANNING MATERIALS

TECHNICAL AND VOCATIONAL EDUCATION

人民邮电出版社

北京

图书在版编目（CIP）数据

C语言实例教程 / 赵克林主编. -- 2版. -- 北京 : 人民邮电出版社, 2012.9（2023.1重印）

工业和信息化人才培养规划教材. 高职高专计算机系列

ISBN 978-7-115-28171-5

Ⅰ. ①C… Ⅱ. ①赵… Ⅲ. ①C语言－程序设计－高等职业教育－教材 Ⅳ. ①TP312

中国版本图书馆CIP数据核字(2012)第155774号

内容提要

本书是普通高等教育“十一五”国家级规划教材，充分结合高职高专学生实际，对内容科学取舍，突出算法，强调逻辑思路，吸纳先进的项目教学法（project）的思想，非常注重编程能力的训练。

本书主要内容有：C 语言基本元素、C 语言程序设计基础、C 语言函数、指针与文件、图形与音乐等。

本书是一本通俗易懂、使初学者很容易入门的 C 语言教材。为方便教与学，在主要节后均安排有课堂练习，同时还有配套的省级（四川）精品课程网站（http://jpkc.scitc.com.cn）。

本书适合作为高等职业院校计算机程序设计的入门教材，也是一本很好的初学者自学教材。

◆ 主　　编　赵克林
副 主 编　陈承欢　朱　龙
责任编辑　王　威

◆ 人民邮电出版社出版发行　　北京市丰台区成寿寺路 11 号
邮编　100164　　电子邮件　315@ptpress.com.cn
网址　http://www.ptpress.com.cn
北京天宇星印刷厂印刷

◆ 开本：787×1092　1/16
印张：13.5　　2012 年 9 月第 2 版
字数：356 千字　　2023 年 1 月北京第 14 次印刷

ISBN 978-7-115-28171-5

定价：29.80 元

读者服务热线：(010) 81055256　印装质量热线：(010) 81055316
反盗版热线：(010) 81055315

前言

本书第1版于2007年9月由人民邮电出版社出版，被教育部评定为"普通高等教育'十一五'国家级规划教材"。几年来，随着各类院校专业定位的不断调整，导致课程内容不断变化。作为程序设计的基础语言——C语言，亦需不断微调教学内容，以满足专业课程需要。

C语言是学生接触的第一门计算机语言，是所有计算机语言的基础，是迈入计算机软件殿堂的敲门砖。

C语言是一门重要的语言，尤其是在信息安全、芯片控制、嵌入式、物联网等方面有着广泛的应用。

通过广泛征求本教材使用院校教师的意见，基于第1版，我们调整了部分章节顺序，删减了难度较大的例题和部分章节内容，增加了附录和习题（例如全国计算机二级考试[C语言]相关知识），以期更具普适性。

本书尽量凸显以下特色：

1. 科学取舍内容，够用就好。

本书重点讲解程序构架，训练学生逻辑思维能力，面向高职生、成教生和中专生，对C语言中那些过时的、偏僻的、对后继语言学习没有帮助的知识进行了删减，但绝非本科教材的压缩版。

重点内容：C语言基本元素、三种程序结构、数组、函数、结构体，以及算法。

简述内容：怪异语法（如switch、do-while等）、文件、指针、图形与音乐。

删除内容：繁杂的数据类型、指针数组、数组指针、函数指针、指针函数、宏定义、条件编译、共用体、联合、位操作、多级指针、结构指针、typedef定义、链表、外部函数、鼠标驱动等。

2. 注重训练学生的编程能力。对语法多采用"例题"→"思考验证"→"融会贯通"三步，实现"照着做"→"想着做"→"独立做"的飞跃，学生能享受到学习过程中的成就感。

3. 较好地处理了算法与语法的关系，力争为后续语言课程的学习打下坚实的基础。

4. 适合各类学生需求，学时可长可短：对非IT类专业，可只上前7章，约需64学时（4学时×16周）；对IT类专业，上完全部内容约需80～96学时（6学时×16周），并可做适当的课程设计。

本书由四川信息职业技术学院赵克林教授任主编，湖南铁道职业技术学院陈承欢教授、四川信息职业技术学院朱龙副教授任副主编。参与本书编写的还四川信息职业技术学院许大荣、周建儒和胡钢。其中第1章、第2章由朱龙编写，第3章和附录由胡钢编写，第4章由陈承欢编写，第5章、第6章、第9章由赵克林编写，第8章、第10章由许大荣编写，第7章由周建儒编写，全书由赵克林统稿。

本书网络课程网址为 jpkc.scitc.com.cn，2006 年即被评为四川省省级精品课，课程网站上提供了丰富的教学资料（并不断在更新）。在此，非常感谢读者们长期以来对课程网站上资料的不断补充和完善，并欢迎广大读者朋友访问。

由于编者水平有限，书中难免存在疏漏之处，恳请读者批评指正。

编者

2012 年 5 月

目录

第1章 C语言概述

欢迎您进入C语言的精彩世界！

计算机已经像空气、水一样成了人们生活的必需品，它能改进工作质量，提高工作效率，降低工作成本。与计算机相关联的职业自然成了人人羡慕的高薪职业！计算机程序员就是其中之一。好像作家必须识字一样，程序员必须懂C语言。C语言是迈入程序殿堂的敲门砖，是进军Web系统、嵌入式、物联网、网络安全等领域的基本功，也是学好后续各种计算机课程的基础，何况它本身就绚丽无比！通俗说吧，很多游戏、病毒、工具软件、控制软件都是用C语言开发出来的……

熟悉C语言程序的调试环境，无疑是学好C语言的第一步。请读者从入门开始就要有意识地培养自己，使之具有作为一名优秀程序员的良好素养，这样在以后的学习中，定然会获得事半功倍之效。

【主要内容】

C语言的主要特点、基本结构及其调试环境，程序员应具备的素质。

【学习重点】

掌握C程序的基本结构，以及几种开发环境的使用方法。

1.1 C语言简史及特点

C语言的发展与UNIX操作系统有着十分密切的关系。

20世纪60年代末，美国AT&T贝尔实验室用汇编语言为美国DEC公司的PDP-7型计算机研制和开发了UNIX操作系统。1970年，AT&T贝尔实验室的Ken Thompson根据早期的编程语言BCPL（Basic Combined Programming Language）研制出了较先进的B语言，并用它重新改写了UNIX操作系统。1972年由美国AT&T贝尔实验室的Dennis Ritchie和Brian Kernighan又对B语言进行了改进，提出了一种结构化程序设计的新语言——C语言。在1973年，UNIX完全由C语言编写。此后，随着UNIX的广泛流行，C语言亦逐渐风靡世界，成为 DOS 环境下一门最受欢迎的计算机程序设计语言。

随着 C 语言的广泛应用，适合不同操作系统、不同机型的 C 语言版本相继问世，达几十种之多。由于没有统一的标准，使得这些 C 语言之间出现了一些不一致的地方。为了改变这种情况，美国国家标准研究所（ANSI）为 C 语言制定了一套 ANSI 标准，成为现行的 C 语言标准。本书以当前最新的由美国国家标准研究所于 1987 年制定的 C 语言标准（87 ANSI C）进行介绍。

为了满足开发大程序的需要，1980 年，AT&T 贝尔实验室的 Bjarne Stroustrup 带领同事们对 C 语言进行改造，发明了一种“带类的 C”（C with class）。1983 年，这种带类的 C 被正式命名为“C++”，并于同年 7 月首次对外发表。1985 年 Bjarne Stroustrup 编写了《C++程序设计语言》，标志着 C++ 1.0 版的诞生。

C 语言是一门计算机基础语言，即使在面向对象编程技术成为主流的今天，C 语言编程仍占有十分重要的地位。C 语言面向过程的编程思想适用于所有程序设计语言，学好 C 语言将为学习后续计算机语言，如 C++、JAVA、C#等，打下坚实的基础。

归纳起来，C 语言具有下列主要特点。

（1）C 语言程序语法简洁，书写格式方便、灵活。

C 语言一共只有 9 种控制语句，32 个关键字，34 个运算符，而且程序书写形式自由。

（2）C 语言是“中级”语言。

计算机语言可分为三大类：机器语言、汇编语言和高级语言。

机器语言：计算机发展初期使用的语言，它由二进制的 0、1 组成，计算机可直接执行。但它面向机器，可移植性极差，现在已经很少使用。

汇编语言：使用助记符（英文单词或单词缩写）表示指令代码（如用 ADD 表示加法运算），以便于记忆。在执行时，汇编语言源程序由汇编程序先将其转换为目标程序，最后由连接程序把目标程序转换为可执行程序，其过程如图 1-1 所示。

图 1-1　用汇编语言生成可执行程序的过程

汇编语言的显著特点是用它编写的程序能直接对计算机底层硬件操作，但由于它仍然面向机器，用它编写程序难度仍然很大（须懂得计算机原理），且维护十分困难，可移植性也差，故不适合初学者。

高级语言：采用近似于数学语言来描述问题（如 QBASIC 语言），面向过程，是与计算机机型无关的程序设计语言。

高级语言容易记忆，有很强的通用性。用高级语言编写的程序不能直接在机器上运行，必须先将它翻译成机器语言，才能被计算机执行，故高级语言执行速度较慢。

C 语言介于高级语言和低级语言（汇编语言）之间，兼有二者之特点，故称为“中级”语言，特别适合作底层开发。

（3）C 语言是结构化程序设计语言。

结构化程序设计语言的显著特点是程序与数据独立，从而程序更通用。这种结构化方式可使程序层次清晰，便于使用、维护及调试。

C 语言提供了数百个函数供程序员调用，并具有多种循环、条件判断语句以控制程序流向，从而使程序完全结构化。

（4）C 语言具有强大的数据处理功能，且有较强的可移植性。

C 语言具有整型、浮点型、字符型等丰富的数据类型，并引入了指针概念，可使程序效率更高。

（5）C 语言编译后生成的目标代码体积小、质量高、速度快，完全脱离原编译环境执行。因此，C 语言特别适用于过程控制、智能仪表、家用电器等嵌入式编程，应用领域广泛。

C 语言也有其不足之处：

（1）由于 C 语言语法灵活，在某种程度上降低了程序的安全性，因此对程序员提出了更高的要求；

（2）C 语言适用于底层开发和小型精巧程序的开发（如硬件驱动、手机应用软件等），不适宜作企业管理程序的开发。

1.2 C 程序的构成

首先看一个简单的例子。

【例 1-1】 如图 1-2 所示，已知该圆的半径 r 为 6，试编程计算它的面积 s 与周长 l。

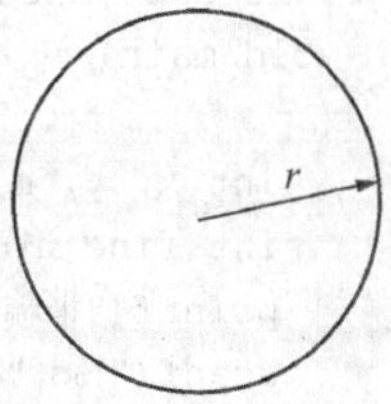

图 1-2　半径为 r 的圆

【简要分析】 从数学知识知道圆的面积、周长公式如下：

$$s = \pi r^2$$

$$l = 2\pi r$$

但数学与计算机是有差异的，比如键盘上就没有“π”这个键，计算机也不知道π=3.14。怎么办呢？我们只需做必要的变换就行了。

参考源代码为

```
/* 例 1-1, 1-1.c */
#include <stdio.h>
void main( )
{
  float r, s, l, PI = 3.14159;                    /* 说明语句，定义实型变量 r, s, l, PI */
  r = 6;                                          /* 赋值语句 */
  s = PI * r * r;                                 /* 计算面积 s */
  l = 2 * PI * r;                                 /* 计算周长 l */
  printf("圆的面积 s=%5.2f, 周长 l=%5.2f\n", s, l);    /* 函数语句 */
}
```

运行输出：

```
圆的面积 s=113.10, 周长 l=37.70
```

在上面的程序中：

“#include<stdio.h>”是预处理语句，因为 C 语言系统有大量的函数库，每个库里面有很多常用的函数，本例中的 printf( )函数就是函数库 stdio.h 中定义的输出函数，所以要将 stdio.h 这个文件“包括”进来。

main( )称为主函数，一对花括号“{ }”内的程序行称为函数体，通常函数体由一系列语句组成，每一个语句用分号作结束。

C 语言的书写非常灵活，函数体内的各语句可以写成一行，也可以写成多行。作为良好的编程风格，应该一行写一个语句。注意函数体右花括号“}”外没有分号！

在 C 语言中，/*…*/ 表示注释，程序员往往把对某条语句的相关解释放到里面，以增加程序的可读性，程序运行的时候不会执行注释内容。注释行可放在语句的同行，也可单独放一行。

C 语言的语句有五种：说明语句、赋值语句、函数语句、控制流语句、空语句。

外观上看，C 程序简直是一首漂亮的诗！标点丰富，行长短不齐，整体错落有致……不过，C 程序比诗更精彩，不但可以欣赏，还能指挥电脑工作！

【融会贯通】某矩形的长、宽分别为 10、5，模仿本例写 C 语言程序计算其面积。

下面对几种语句作一下简单的介绍。

【例 1-2】输入两个整数，找出其中最小的数。

参考源代码为

```
/* 例 1-2, 1-2.c */
#include <stdio.h>
#include <math.h>
void main( )
{
  int x, y, min;                                      /* 定义变量 */
  int find_min(int, int);                             /* 声明自定义函数 */
  printf("请输入 x, y: ");                             /* 输出信息 */
  scanf("%d,%d",&x, &y);                              /* 输入变量值 */
  min = find_min(x, y);                               /* 找 x、y 中的较小数 */
  printf("x=%d, y=%d, min=%d", x, y, min);            /* 输出结果 */
}
int find_min(int a, int b)
{
  if ( a > b )
    return b;
  else
    return a;
}
```

运行输出：

```
请输入 x,y: 200, 100
x=200, y=100, min=100
```

我们之所以把上边的代码称为“参考源代码”，是因为程序无定势，无绝对写法，只要完成相应功能就可以了。好像一篇作文，虽然题目一样，但各人写法不同。

由以上两个例子可以看到，C 程序的一般组成形式如下：

#include <必要的头文件>

```
void main( )                    /* 主函数说明 */
{
 变量定义;                       /* 主函数体 */
  执行语句组;
}

函数类型 函数名 1(参数)            /* 子函数说明 */
```

```
{
  变量定义;                        /* 子函数体 */
  执行语句组;
}

函数类型 函数名 2(参数)            /* 子函数说明 */
{
  变量定义;                        /* 子函数体 */
  执行语句组;
}
  …
函数类型 函数名 N(参数)            /* 子函数说明 */
{
  变量定义;                        /* 子函数体 */
  执行语句组;
}
```

其中，函数名 1～函数名 N 是用户自定义的函数。

由此可见，一个完整的 C 程序应符合以下几点。

（1）C 程序以函数为基本单位，整个程序由函数组成。

主函数 main( )是一个特殊的函数，一个完整的 C 程序必须有且只能有一个主函数，它是程序启动时的唯一入口，程序也结束于主函数。

归根结底，其他函数均受调于主函数。也就是说，C 程序没有主函数，便不能执行。

除主函数外，C 程序还可包含若干其他 C 标准库函数和用户自定义的函数。这种函数结构的特点使 C 语言便于实现模块化的程序结构。

（2）用户自定义的函数由函数说明和函数体两部分组成。

函数说明部分包括对函数名、函数类型、形式参数等的定义和说明；函数体包括变量的定义和执行程序两部分，由一系列语句和注释组成。整个函数体由一对花括号括起来。

（3）语句是由定义符、运算符和数据按照 C 语言的语法规则组成的，每个语句完成一个特定的功能，语句以分号结束。

课堂练习 1

仿照例 1-1 编写一个计算梯形面积的程序（设梯形的上底为 5，下底为 7，高为 4）。

1.3　C 程序调试环境

C 语言是一种编译型的程序设计语言，开发一个 C 程序要经过编辑、编译、连接和运行 4 个步骤，如图 1-3 所示。

C 语言程序调试工具常用有 3 种：Turbo C 2.0、Dev-C++和 Turbo C/C++ for windows 集成实验与学习环境，本书简要介绍后两种调试工具。

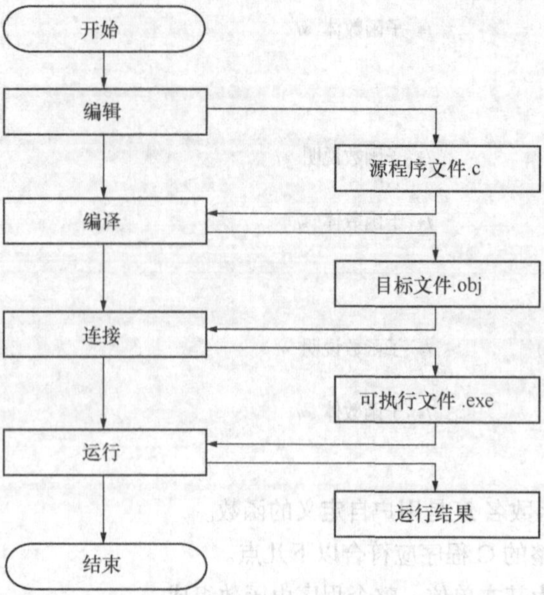

图 1-3　C 程序的开发过程

1.3.1　Dev-C++

Dev-C++是一个自由软件，可在因特网上自由下载和使用，也可在线升级。Dev-C++是一个仅 10MB 左右的小巧的 C/C++开发工具，它包括多页面窗口、工程编辑器。在工程编辑器中集合了编辑器、编译器、连接程序和执行程序。其界面可设置成中文，还提供高亮度语法显示，以减少编辑错误。

Dev-C++是一个十分适合 C/C++初学者的开发工具，与 Turbo C 2.0 相比，Dev-C++只能在 Windows 中运行，但在程序编辑和调试方面却具有更强大的功能，可大大提高编程效率。

1．启动 Dev-C++

按默认方式安装 Dev-C++后，桌面上会有一个 Dev-C++的快捷图标。因此，可以通过双击此图标启动 Dev-C++环境。当然也可以通过 Windows 的菜单方式启动 Dev-C++，即单击“开始”→“程序”→“Bloodshed Dev-C++”→“Dev-C++”启动 Dev-C++，界面如图 1-4 所示。

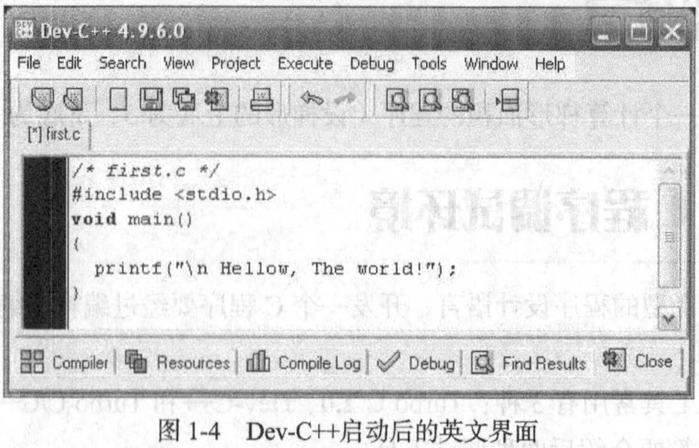

图 1-4　Dev-C++启动后的英文界面

为了方便初学者，建议将界面改为中文。方法是选择“Tools”→“Environment options”→“Interface”→“Language”→“Chinese”，单击“OK”按钮，如图 1-5 所示。

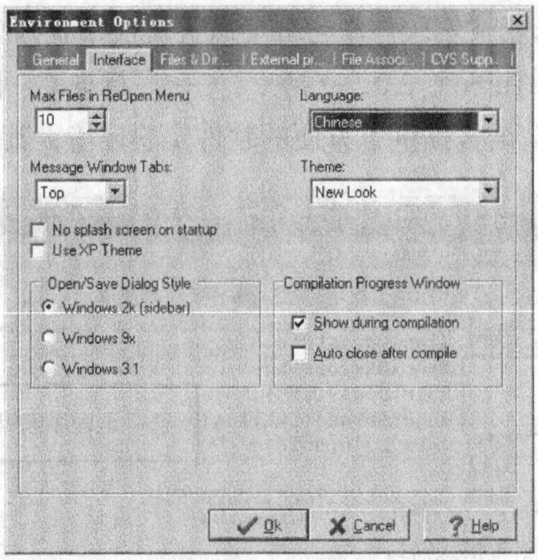

图 1-5　Dev-C++ 的环境选项对话框

改为中文界面后的 Dev-C++集成环境如图 1-6 所示。其中“工具”菜单是常用的，从这里可设置“编译选项”、“环境选项”、“编辑器选项”等。

2．调试 C 程序

单击“文件”→“新建”→“源代码”（也可直接单击工具栏“源代码”按钮□或按【Ctrl】+【N】快捷键）新建 C 源文件，然后就可以在新建的编辑窗口中输入 C 源代码了。当然，也可从文件菜单下打开以前的 C 程序继续调试。

注意，在保存文件时，文件类型一定要选定为“C source files(*.c)”，这样才能将源代码保存为 C 文件。

从“运行”菜单下可以编译、连接、执行 C 程序，快捷键是【F9】。

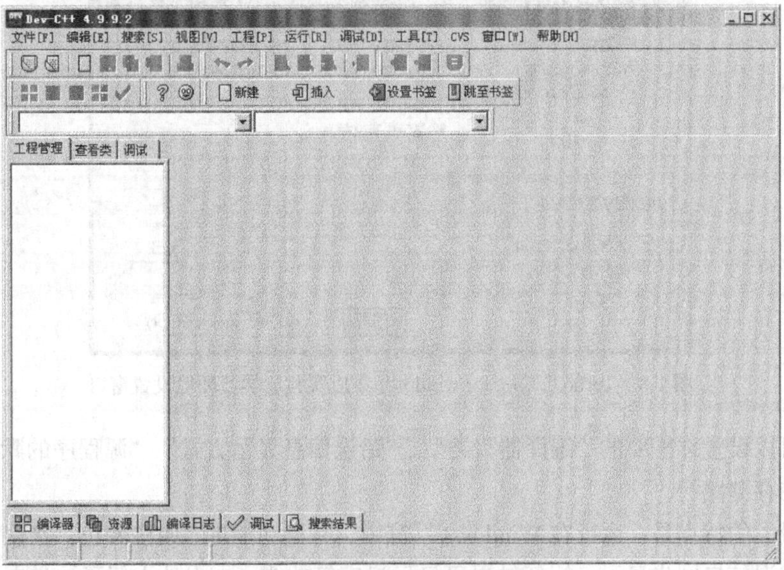

图 1-6　Dev-C++集成环境

1.3.2 Turbo C/C++ for windows 集成实验与学习环境

Turbo C/C++ for windows 集成实验与学习环境软件集成了我国高校 C 语言教学中使用最多的两种编译器 Visual C++ 6.0 和 Turbo C 2.0，支持 C、C++、标准 C、标准 C++、Windows C 程序的编辑、调试、运行，为学习 C 语言提供了方便的软件实验环境，其主界面如图 1-7 所示。

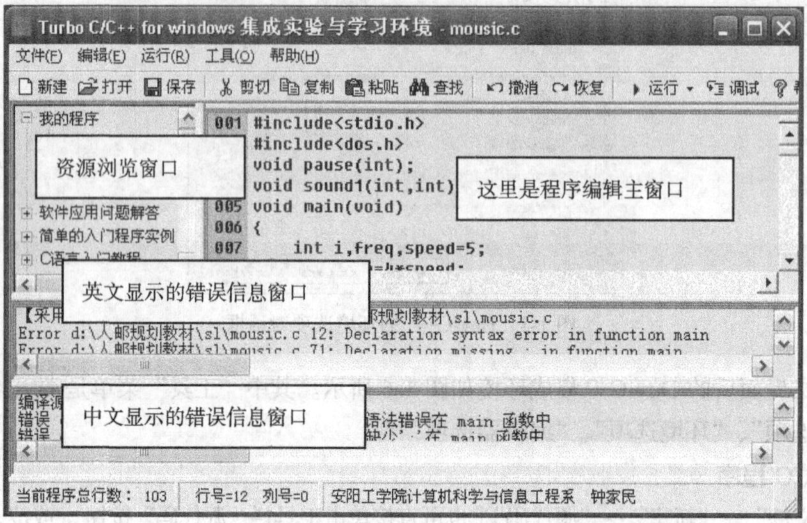

图 1-7 Turbo C/C++ for windows 集成实验与学习环境

该软件使用方便，很适合初学者，可直接在网上下载。对于一些不清楚的地方，可在“资源窗口”中找到“软件应用问题解答”，双击它后就可看到该软件的使用帮助信息。

打开软件后，执行“工具”→“选项”，打开选项设置窗口，如图 1-8 所示。

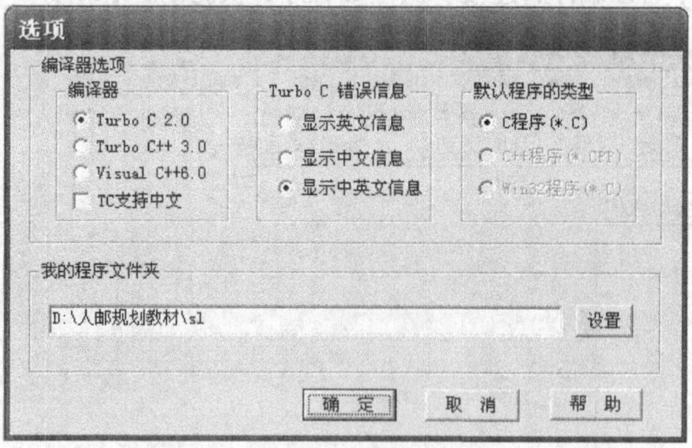

图 1-8 Turbo C/C++ for windows 集成实验与学习环境设置窗口

在那里可以设置你需要的“编译器”类型、“错误信息显示方式”、“源程序的默扩展名”以及你的源程序的存储路径。

该软件最大的特点是：运行在 Windows 系统中，有自动缩进、语法着色、错误信息的自动定位、中英文错误信息同步显示、运行结果可显示汉字等功能，大大地方便了初学者，也扫除了英语差的用户学习 C 语言的障碍，提高了程序调试的效率。

本教材的所有例题均在此软件环境中调试通过。

1.4 程序员素质漫谈

一个只会编写代码的程序员不能称为合格的程序员。合格的程序员，应该有以下素质。

1. 较强的逻辑思维能力和创新能力

逻辑思维能力是一个程序员的基本能力，而创新能力则是程序员保持其旺盛生命力的法宝。没有对软件开发的热爱和激情，没有对软件精益求精的不舍追求，要想成为一名优秀的程序员是很难的。

2. 团队精神和协作能力

这是程序员安身立命之本。任何个人的力量都是有限的，即便像比尔·盖茨这样的天才，也需要通过组成强大的团队来创造奇迹，那些分布异地程序员们，没有互相之间的协作、沟通是不能完成任何项目的。

3. 编写文档的习惯

书写良好的文档是正规研发流程中非常重要的环节。作为程序员，用去30%的工作时间书写技术文档是很正常的事，而作为高级程序员和系统分析员，这个比例还要高出很多。若缺乏文档，一个软件系统就缺乏生命力，在未来的查错、升级以及模块复用时就会遭遇到极大的麻烦。

4. 规范化、标准化的代码编写习惯

编写代码必须遵守国际软件开发规范，这样开发的软件才能与国际接轨。作为一些外国知名软件公司的规矩，代码内变量的命名，代码内注释的格式，甚至嵌套中行缩进的长度和函数间的空行数字都有明确规定。养成良好的代码编程习惯，不但有助于代码的移植和纠错，也有助于不同技术人员之间的交流与协作。本书的代码是比较规范的。

5. 需求理解能力

程序员需要理解一个模块的需求，除了功能需求外，还须考虑代码本身的性能。性能需求指标中，稳定性、并访支撑能力以及安全性都很重要。作为程序员，需要评估该模块在系统运营中所处的环境、将要受到的负荷压力以及各种潜在的危险和恶意攻击的可能性。

6. 复用性、模块化思维能力

复用性设计、模块化思维要求程序员在编写任何一个功能模的时候，不要局限在完成当前任务的简单思路上，还应想想该模块是否可以脱离这个系统存在，是否可以通过简单的修改参数的方式在其他系统和应用环境下直接引用。这样就能避免重复性的开发工作，也就能有更多时间和精力投入到创新的代码工作中去。

7. 测试习惯

对一些商业化、正规化的软件开发而言，除了专职的测试工程师之外，程序员还需要进行自测。自测可较早地发现和解决程序中存在的问题，这对整体系统建设的效率和可靠性提供了最大的保证。测试工作包括正常调用测试，以便检测模块功能能否完成；异常调用测试也是不可缺少的，比如高压力负荷下的稳定性测试，用户潜在的异常输入情况下的测试，整体系统局部故障情况下该模块受影响状况的测试，频发的异常请求阻塞资源时的模块稳定测试等。

8．学习和总结的能力

程序员是一个很容易被淘汰、很容易落伍的职业，因为一种技术可能仅仅在两三年内具有领先性。程序员必须不断跟进新的技术，学习新的技能。程序员大多数都是自学成才，只有善于学习，程序员才能立于不败之地。善于总结，也是学习能力的一种体现，每次完成一个研发任务，完成一段代码，都应当有目的地跟踪该程序的应用状况和用户反馈，随时总结，找到自己的不足，这样程序员才可能逐步成长起来。

课堂练习 2

作为一个合格的程序员，你认为你在哪些方面尚需努力？

习题

一、选择题

1. C 语言程序由________组成。

A. 子程序　　　　B. 主程序和子程序

C. 函数　　　　D. 过程

2. C 语言中主函数的个数是________。

A. 2 个　　B. 1 个　　C. 任意一个　　D. 6 个

二、简答题

1. 在 JAVA、C#等面向对象开发语言成为主流的今天，我们为什么还要学习 C 语言？请从网上搜索相关材料证明你的观点。

2. 一个优秀的程序员究竟应具备哪些素质和能力？请查找相关材料并归纳总结。

三、实训题（编写代码，上机调试）

在 Dev-C++和 Turbo C/C++ for windows 环境中调试例 1-1、例 1-2。

第2章 C语言基础

就像厨师炒菜之前，首先要认识并准备油、盐、酱、醋等必备的原材料一样，学习C语言编程，也必须先认识用于C语言编程的"原材料"：数据类型、运算符、运算规则以及常用函数等。本章主要介绍C语言的这些基础知识。

【主要内容】

C语言基本数据类型及数据运算规则，常用的几个数学函数。

【学习重点】

C语言标识符的命名，数学式子转换为C式子。

2.1 基本数据类型

衣服有尺码型号，不同身高配不同型号的衣服。统计人数必须用整数，不能说0.2个人。整数还有范围大小，比如一个工厂的人数，也就是几千人，使用整数就可以了。C规定整数的范围是−32768～+32767。如果要统计一个省的人数，整数就不够用了，就要使用C语言中的长整数，C规定长整数的范围是−2147483648～+2147483647。要表示商品的单价（有小数），则需使用实数。实数同样也有大小范围问题，根据大小将实数分为单精度数和双精度数两种。要表示某人的姓名，如"zhao"，当然就要用字符类型的数据。

什么是数据类型？其实就是数据的种类（是整数还是实数等）与大小范围。C语言的数据类型如表2-1所示。

表2-1　C语言基本数据类型表

基本数据类型	数据类型符	占内存空间	表示数据的范围
整型	int	2字节	−32 768～+32 767
长整型	long int	4字节	−2 147 483 648～+2 147 483 647
单精度实型	float	4字节	10^{-37}～10^{38}

续表

基本数据类型	数据类型符	占内存空间	表示数据的范围
双精度实型	double	8 字节	10^{-307}～10^{308}
字符型	char	1 字节	0～255

C 语言的常量、变量、表达式都有数据类型。对于常量的类型，系统能根据书写形式自动识别，变量的类型则需在程序中显式定义。表达式的类型由参与运算的常量和变量的类型决定。

C 语言处理的数据类型很多，可分为基本类型和复杂类型两大类。C 语言基本数据类型如图 2-1 所示。

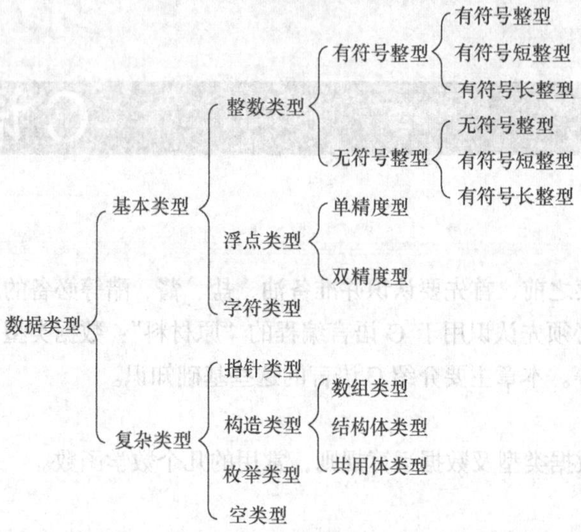

图 2-1　C 语言的数据类型

我们要区分数据类型、数据类型符、数据范围三者的不同，以便在编程中能合理选用、定义变量，并能正确地给变量赋值。

2.2 常量

常量是指程序在运行过程中其值始终不变的量。如 $y = 3 * x$ 中的 3 是不可变的，它就是常量，C 语言将自动识别其类型为整型常量。

C 语言的常量分数字常量、字符常量、符号常量 3 种，表 2-2 所列为常量的进一步分类。

表 2-2　C 常量分类表

数字常量	整型常量	如：6，8，0123，0x7a
	浮点型常量	如：3.14159，7.36e12
字符常量	字符常量	如：'A'，'d'，'9'
	转义字符	如：\n，\t
	字符串常量	如："Thank you! "，"I am glad very day! "
符号常量	宏定义符号常量	如：#define PI 3.1415926
	const 定义符号常量	如：const float G=9.8

1．数字常量

数字常量分为整型常量、浮点型常量两种。

整型常量又有十进制、八进制、十六进制等 3 种不同的进制表示。八进制数在左边第 1 位数字前加数字 0，如 0752；十六进制数在左边第 1 位数字前加 0x，如 0x1a9。注意是数字的“0”，而不是字母“O”。

其中，对较大、较小的实型常量常用指数表示法，又称科学记数法。其中，e（或 E）的前面是带一位整数的小数，后面是整数表示的指数。

例如：

6.02×10^{23}，可表示成 6.02e+23 或 6.02e23；-1.6×10^{-19}，可表示成-1.6e-19。

2．字符常量

字符常量是用一对单引号括起来的单个字符，如'a'。

字符常量中有一类以右斜线开始的特殊常量称转义字符，这些转义符有固定的含义。常见的转义字符见表 2-3。

表 2-3　常用的转义字符及含义

转义字符	含　义	转义字符	含　义
\n	换行	\\	反斜杠线"\"
\r	回车	\'	单引号符
\f	换页	\"	双引号符
\t	水平制表（Tab）	\ddd	1～3 位八进制数所代表的字符
\v	垂直制表	\xhh	1～2 位十六进制数所代表的字符
\b	退格符（backspace）	\a	报警响铃

在 C 语言中，字符串常量简称字串或串，它是由一对双引号括起来的零个或多个字符，其中双引号仅起定界作用，本身并不是字符串中的内容。作为特殊情况，双引号内可以没有字符，即""，这样的字符串称空串。若字符串本身又包含双引号等特殊字符，就需要使用转义字符“\”才能实现。如当输出字串“My name is \"zhao\", ok ?”的值时，显示：

```
  My name is "zhao", ok ?
```

字符串中包含的字符个数，称为该“字符串的长度”，字符串中的转义字符视为 1 个字符。比如，字符串"This is \105a pencil"的长度是 17（13 个英文字母，3 个空格符，1 个转义字符）。

【例 2-1】 含转义字符的字符串的输出。

```
/* 例 2-1, 2-1.c */
#include <stdio.h>
void main( )
{
  printf("abc\\\tdef\nghii\b\t\"hello!\"");
}
```

运行输出：

```
abc\        def
ghi         "hello!"
```

对于字符串，C 语言规定以字符'\0'作为结束标志，系统将根据该字符来判断字符串是否结束。字符'\0'由系统自动加入到每个字符串的结束处，不必人工加入。因此，字符串“China”在内存中的存储形式如图 2-2 所示。

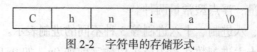

C	h	n	i	a	\0

图 2-2 字符串的存储形式

【例 2-2】在 C 语言中，0、'0'、'\0'和"0"有何区别？

0 是一个整型常量，在内存中用 2 个字节来存放整型常量 0 的值。

'0' 是一个字符常量，在内存中用 1 个字节来存放字符 0 的 ASCII 码（见附录 A）值（十进制值为 48）。

'\0' 也是一个字符常量，即空字符，占用 1 个字节空间，其 ASCII 码值为 0。

"0" 是一个长度为 1 的字符串常量，在内存中要占用两个字节空间，第一个字节用来存放字符 0 的 ASCII 码值（十进制值为 48），第 2 个字节存放字符串结束符'\0'。

可见，它们在内存中的存储形式是完全不相同的。

程序中用到两种字符：汉字和西文。对应的字符编码也有两种：汉字是 GB2312-80 码，西文是 ASCII 码。

ASCII 码（American Standard Code for Information Interchange）是美国国家标准信息交换码的简称。7 位版本的 ASCII 码称为基本 ASCII 码（见附录 A），表示 ASCII 码在 0～127 之间的 128 个字符编码。它包含 10 个数字、52 个大小写英文字母、32 个标点符号、运算符和 34 个控制码。

每一个西文字符对应一个唯一的 ASCII 码。程序员不必记住所有的 ASCII 码，但必须掌握 ASCII 码的规律，以及几个特殊的 ASCII 码值（见表 2-4），这对以后的编程会很有帮助。

表 2-4 ASCII 码规律

字符类别	ASCII 码范围	说明
数字：'0'～'9'	48～57	C 语言中，字符与其对应的 ASCII 码值在计算时是可互换的，如'A' + 5 = 70
大写字母：'A'～'Z'	65～90	
小写字母：'a'～'z'	97～122	
特殊字符	空格：32；回车：13	

提示

- 如果已知‘0’的 ASCII 码值为 48，那么‘7’的 ASCII 码值为 48+7=55；同理，‘a’的 ASCII 码值为 97，则‘f’的 ASCII 码值为 97+5=102 等。
- 三类字符的 ASCII 码值大小顺序：数字字符 < 大写字母字符 < 小写字母字符。这三类字符之间 ASCII 码值是不连续的，但每类字符的 ASCII 码值是连续的。
- 大、小字母的 ASCII 码值相差 32。

3．符号常量

符号常量是指用标识符表示的常量。从形式上看，符号常量像变量，但实际上它是常量，其值在程序运行时不能被修改。

C 语言中定义符号常量一般有两种方式：宏定义和 const 定义。

（1）宏定义

宏定义的含义是用指定的标识符来代表一字符串，一般形式为：

学习 C 运算符要注意三点：优先级、结合方向、与数学运算符的区别。在表达式中，各运算量参与运算的先后顺序不仅要遵守运算符优先级的规定，还要受运算符结合性的制约。

2.4.1　运算符分类

C 语言的运算符可分为算术、关系、逻辑、位、赋值、条件、逗号、指针及特殊运算符等类，如表 2-7 所示，表中优先级数字越小表示优先级越高。

表 2-7　　C 语言运算符的优先次序

<table>
<tr><th>运算符类型</th><th>运　算　符</th><th>优　先　级</th><th>结　合　性</th></tr>
<tr><td>基本</td><td>()　[]　.　-></td><td>1</td><td>自左向右</td></tr>
<tr><td>单目</td><td>!　～　++　—　+　-　type　&　*　sizeof</td><td>2</td><td>自右向左</td></tr>
<tr><td rowspan="2">算术</td><td>*　/　%</td><td>3</td><td rowspan="2">自左向右</td></tr>
<tr><td>+　-</td><td>4</td></tr>
<tr><td>移位</td><td>>>　<<</td><td>5</td><td>自左向右</td></tr>
<tr><td rowspan="2">关系</td><td><　<=　>　>=</td><td>6</td><td rowspan="2">自左向右</td></tr>
<tr><td>==　!=</td><td>7</td></tr>
<tr><td rowspan="3">位逻辑</td><td>&</td><td>8</td><td rowspan="3">自左向右</td></tr>
<tr><td>^</td><td>9</td></tr>
<tr><td>|</td><td>10</td></tr>
<tr><td rowspan="2">逻辑</td><td>&&</td><td>11</td><td rowspan="2">自左向右</td></tr>
<tr><td>||</td><td>12</td></tr>
<tr><td>条件</td><td>?:</td><td>13</td><td>自右向左</td></tr>
<tr><td>赋值</td><td>=　+=　-=　*=　/=　%=　|=　^=　&=　>>=　<<=</td><td>14</td><td>自右向左</td></tr>
<tr><td>逗号</td><td>,</td><td>15</td><td>自左向右</td></tr>
</table>

运算符要求的操作数个数称为目。如++为单目运算符，+为双目运算符，条件运算符“？”是唯一的一个三目运算符。

在 C 语言中，每个运算符都代表着对运算对象的某种运算，都有自己特定的运算规则。运算符的结合性是指运算时的运算次序，即从左往右还是从右往左。

本章先介绍算术运算符、括号和赋值运算符等最常用的几种运算符，其他运算符将会在以后的学习中逐步地学习到。

2.4.2　算术运算符

1．算术运算符

这类运算符包括加（+）、减（-）、乘（*）、除（/）、求余（%）、自增（++）、自减（--）7 种。

+、-、*、/，这 4 个运算符我们早已熟悉，含义都与数学中的同名运算符相同。

需要注意的是，“%”是求余运算符（模运算符），而不是数学上的百分比，其作用是取两个整数相除后的余数，余数的符号取被除数的符号。同时C还规定当被除数绝对值小于除数的绝对值时，结果取被除数。

例如：

```
17 % 5值为2，但5 % 17值为5。
-17 % 5值为-2，-17 % -5值为-2，17 % -5值为2。
```

在实际应用中，%通常用于分解数字、判断整除等。

取多位正整数 *x* 的个位、十位、百位、千位……，可依次用表达式 *x*/1%10、*x*/10%10、*x*/100%10、*x*/1000%10……实现。

若 *a* 能被 *b* 整除，则 *a* %*b* 值为 0。

【例 2-5】编写一段C程序，分解出6378的各位数字。

参考源代码为

```
/*  例2-5，2-5.c  */
#include<stdio.h>
void main( )
{
    int x1, x2, x3, x4, m = 6378;                 /* 定义整型变量 */
    x1 = m / 1 % 10;                              /* 求个位数 */
    x2 = m / 10 % 10;                             /* 求十位数 */
    x3 = m / 100 % 10;                            /* 求百位数 */
    x4 = m / 1000 % 10;                           /* 求千位数 */
    printf("%d,%d,%d,%d\n", x4, x3, x2, x1);      /* 输出结果 */
}
```

运行输出：

```
6,3,7,8
```

【思考验证】如果要输出6378的逆数8736，应如何修改本例？

【融会贯通】编程输出6378的各位数数值之和。

2．自增、自减运算符

++：其功能是使变量的值自增1。

−−：其功能是使变量值自减1。

自增1，自减1运算符均为单目运算，具有右结合性。可有以下几种形式：

++*i*：*i* 自增1后再参与其他运算（先增后用）。

−−*i*：*i* 自减1后再参与其他运算（先减后用）。

i++：*i* 参与运算后，*i* 的值再自增1（先用后增）。

i−−：*i* 参与运算后，*i* 的值再自减1（先用后减）。

设有定义：

```
int a = 3, b = 10, c;
```

表2-8所示为执行各种情况的表达式后，变量 *a* 的值和表达式的值。

表2-8　　增量运算符的应用

被执行的表达式	表达式执行后 *a*、*c* 值	
	a	*c*
c= ++a + b	4	14
c= a++ + b	4	13

续表

被执行的表达式	表达式执行后 a、c 值	
	a	c
c= --a + b	2	12
c= a-- + b	2	13

++、--运算符，特别是当它们出现在较复杂的表达式或语句中时，常常难于弄清，因此初学者应尽量少用。

3．赋值运算符

“=”号称赋值运算符，作用是将右边表达式的值赋给左边的变量。由“=”连接的式子称为赋值表达式。其一般形式为

```
变量 = 表达式
```

例如：

```
x = a + b
w = sin(a) + sin(b)
```

赋值运算符完全不同于数学上的等号“=”，虽然二者写法一样。赋值运算符的功能是先计算出表达式的值，然后再将该值赋给表达式左边的变量，具有右结合性。因此 a =b =c=5，可理解为 a =(b =(c=5))。

4．复合赋值运算符

+=、-=、*=、/=、%=、<=、>>=、&=、^=、|=：在赋值符“=”之前加上其他二目运算符可构成复合赋值运算符，优先级排名倒数第二。

例如：

```
a += 5          等价于a = a + 5
x *= y + 7      等价于x = x * (y + 7)
r %= p          等价于r = r % p
```

复合赋值符这种写法（注意构成复合运算符的两个运算符之间不能有空格！），对初学者可能不习惯，但十分有利于编译处理，能提高编译效率并产生质量较高的目标代码。

5．逗号运算符

在 C 中逗号“,”也是一种运算符，称为逗号运算符，优先级倒数第一。其一般形式为：

```
表达式 1，表达式 2，…，表达式 n
```

其求值过程是：从左至右依次计算各表达式的值，并以表达式 n 的值作为整个逗号表达式的值。实际使用时，常利用左边 n-1 个表达式给表达式 n 准备初值。

例如，已知长方体的长、宽、高，求体积，可用下面表达式：

$$a = 2, b = 3, c = 4, v = a * b * c$$

2.5　常用数学函数与表达式

C 语言程序由一系列 C 语言函数构成，C 语言函数又分标准函数和自定义函数两类。Turbo C 2.0 提供了各类标准函数数百个。本书介绍部分常见函数，如数学函数、字符串函数、字符函数、文件函数和屏幕函数等，其他函数请读者查阅有关书籍。C 程序中要使用某个标准函数，必须在程序首部包括它相应的头文件（扩展名为 h，在 C 系统的 include 文件夹下）。

作为初学者，记住表 2-9 中的数学函数是必要的。当程序中要使用数学函数时，须在程序首

部包括头文件：

```
#include <math.h>
```

表 2-9　　常用数学函数

数学形式	C 形式	说明
$\lvert x\rvert$	abs(*x*)	数学函数定义域与数学相同，参数类型为双精度型，返回类型为 double 型，且三角函数自变量必须是弧度
	fabs(*x*)	
$\sqrt{x}$	sqrt(*x*)	
e^x	exp(*x*)	
ln*x*	log(*x*)	
lg*x*	log10(*x*)	
a^b	pow(a,b)	
10^x	pow10(*x*)	
sin*x*	sin(*x*)	
cos*x*	cos(*x*)	

由常量、变量、运算符、函数组成的符合 C 语言规则的式子，称为是 C 语言表达式。熟练将通常的数学式子转换为 C 语言式子，是学习 C 语言编程的一种基本功。

例如，数学表达式：

$$\frac{a-b}{a+b}+\frac{1}{2}$$

对应的 C 式子是：(a–b) / (a + b) + (float)1 / 2

又如：$\sin^2 37^\circ + \cos\beta$ 对应 C 式子：pow(sin(37*3.14/180), 2) + cos(x)

提示

将数学式子转换为 C 式子的原则如下：

- 当分子分母是表达式时须分别添加括号；
- 适当转换数据类型，以免产生误差；
- 左右圆括号配套（无[]、{ }括号），只能使用多重圆括号嵌套配对保持优先级，如 y/(4*(m−n))；
- 非自然对数用换底公式换成自然对数；
- 三角函数自变量为弧度；
- 部分数学写法适当改换成 C 语言函数；α、β、π 等符号应变换形式。

【例 2-6】设有如下定义语句：

```
int a = 4, b, c = 5, y;
```

请计算下列语句执行后 *y* 的值。

（1）*y* = *a* += *a*−= *a* ∗ 2;

（2）*y* = (*a* = *b* = *c* ∗ 3) + exp(*a*−*b*) + *c* % *b* / *a*;

（3）*y* = (*a* = 3, *b* = 4, *c* ∗= *a* + *b*) + log(*b* − *a*)。

【简要分析】计算表达式的值主要考虑表达式中元素的类型、运算符的优先级。

（1）中组合赋值符从右向左结合，等价于 *y*=(*a*+=(*a*−=(*a*∗2)))。考虑到 *a* 每次取最新的 *a* 值，运算结果 *y*=−8，*a*=−8。

（2）*a*=*b*=*c*∗3 执行后 *a*、*b* 值均为 15，所以 exp(*a*−*b*)值为 1，*c*%*b*/*a* 值为 0。故表达式值 *y* 为 16。

（3）$(a=3,b=4,c*=a+b)$执行后 c 值为 35，$\log(b-a)$值为 0,故原表达式值 y 为 35。

课堂练习 3

1. 将数学表达式 $\sqrt[5]{x-\sqrt{2-\lg 5}}$ 改写成 C 语言表达式。

2. 将数学表达式 $\sqrt{\dfrac{\ln 5.1+\sin(2a)}{\cos(x-1)+e^3}}+|m|-n^4$ 改写成正确的 C 语言表达式。

习题

一、选择题

1. 以下有关增 1、减 1 运算中，只有________是正确的。

A. ––f　　B. ++78　　C. a––b++　　D. d++

2. 以下不是 C 语言基本数据类型的是__________。

A. 字符型　　B. 浮点型　　C. 整型　　D. 构造类型

3. 实数在用指数形式输出时是按规范化的指数形式输出的。因此当指定将实数 123.45 按指数形式输出时，则正确的输出形式是__________。

A. 123.45　　B. 1.2345e+002

C. 123.45e+000　　D. 12.345e+001

4. 设有变量说明：float $x = 4.0, y = 4.0$;。下面使 x 为 10.0 的表达式是__________。

A. x –= y * 2.5　　B. x /= y + 9

C. x *= y–6　　D. x += y + 2

5. 以下转义字符“反斜杠线”的表示方法中正确的是__________。

A. \　　B. \\　　C. '\'　　D. "\"

6. 下面关于字符常量和字符串常量的叙述中错误的是__________。

A. 字符常量由单引号括起来，字符串常量由双引号括起来

B. 字符常量只能是单个字符，字符串常量则可以含一个或多个字符

C. 字符常量占一个字节的内存空间。字符串常量占的内存字节数等于字符串中字节数

D. 可以把一个字符常量赋予一个字符变量，但不能把一个字符串常量赋予一个字符变量

7. 下列程序段的输出结果是__________。

```
char c1, c2;
```

```
c1 = 65;
c2 = 65 + 32 + 1;
printf("%c,%c", c1, c2);
```

A. a,B　　B. A,B　　C. A,b　　D. a,b

8. 语句"printf("%d,%f\n", 30 / 8, −30.0 / 8); "的输出结果是________。

A. 3,−3.750000　　B. 3.750000,−3.750000

C. 3,3　　D. 3,−3

9. 以下程序段的输出结果是________。

```
int y = 7;
printf("%d,%d,%d\n",++y, --y, y++);
```

A. 8,7,8　　B. 8,7,7　　C. 7,8,7　　D. 7,8,8

10. 下列程序段的输出结果是________。

```
int j = 2, i = 1;
j /= i * j;
printf("%d \n", j);
```

A. 2　　B. 1　　C. 3　　D. 0

二、填空题

1. 下列标识符中可合法地用作用户标识符的是________。

SADE　P#d　void b*d　<k>　define　MAIN　a-b　_float

ZZZP　i\sy　.9n　_7643　dele　$6　sin　Int　s7p

2. 请将代数式 $-2ab+b-4ac$ 改写成C语言的表达式________。

3. 请将代数式 $\dfrac{\dfrac{-(a+b)}{(a-b)-(a+b+1)^2}}{2a}$ 改写成C语言的表达式________。

4. 请将代数式 $x_1=\dfrac{-b+\sqrt{b^2-4ac}}{2a}$ 改写成C语言的表达式________。

5. 分析以下C程序，其输出结果为________。

```
void main( )
{
    char ch = 'x';
    int x;
    unsigned y;
    float z = 0;
    x = ch - 'z';
    y = x * x;
    y += 2 * x + 1;
    z -= y / x;
    printf("ch=%c,x=%d,y=%u,z=%f", ch, x, y, z);
}
```

三、选择题（编写代码，上机调试）

1. 已知边长 a 的值为5，求一个立方体的体积 v，并输出结果。请编写一个C程序实现此功能。

2. 设课堂练习3的数学式 $\sqrt{\dfrac{\ln 5.1+\sin(2a)}{\cos(x-1)+e^3}}+|m|-n^4$ 中 a=3,x=2.4，m=-5,n=-2，请编写一个C程序计算该式的值，并输出结果。

第3章 顺序结构

我们回家开门时总要经过几个固定的步骤：取出钥匙→开锁→开门→进门→关门。其实处理任何一件事情总是有一定步骤的，关键是看如何安排这些步骤才最科学。用C语言编程时，也要首先理清楚完成最终目标所需的步骤，然后才能用C语句去实现。

【主要内容】

算法及其描述工具，算法描述顺序程序。

【学习重点】

传统流程图，N-S流程图。

3.1 算法及其特点

1．算法的概念

对于一个钢铁工厂，送进去的是铁矿石，从工厂另一头出来的就是钢板，如图3-1所示。从矿石到钢板的转变就是一个处理过程，在这整个处理过程中包含许多的步骤。

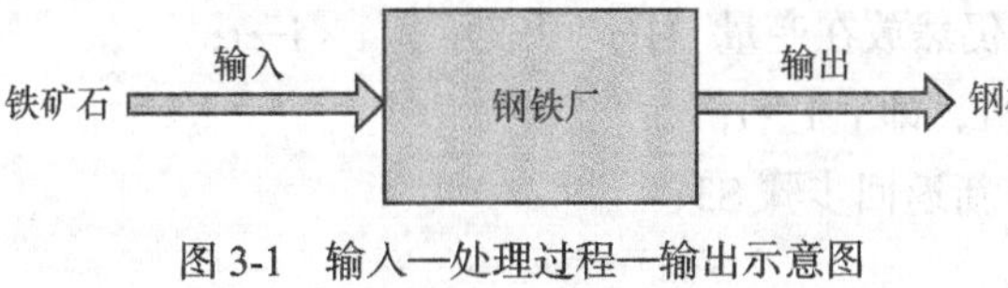

图3-1　输入—处理过程—输出示意图

计算机的工作原理与钢铁厂的处理过程差不多，通常是给计算机输入原始数据，经过计算机一系列的处理过程，最后输出处理结果。这就是计算机工作的步骤，通常称为“输入—处理—输出”。比如，用自动取款机取款时，我们输入的是取款数额，而取款机输出的是等额的纸币。从输入一个数字到输出纸币会经过一个处理过程，这个过程会包括若干个小步骤。

由此可见，做任何事情都有一定的步骤。为解决一个问题而采取的方法和步骤，称为算法。

【例3-1】中国人都喜欢喝茶，那么要泡一杯茶需要哪些步骤呢？

以下是一个普通的泡茶的步骤：

① 开始；

② 烧水；

③ 将茶叶放入茶杯中；

④ 将烧开的水倒入茶杯；

⑤ 用杯盖盖好茶杯；

⑥ 茶泡好了；

⑦ 结束。

如果要喝甜茶的话，则需将上述步骤改变一下：

① 开始；

② 烧水；

③ 将茶叶放入茶杯中；

④ 将糖放入茶杯中；

⑤ 将烧开的水倒入茶杯；

⑥ 搅拌一下茶水；

⑦ 用杯盖盖好茶杯；

⑧ 甜茶泡好了；

⑨ 结束。

【例 3-2】求 1 × 2×3 × 4×5。

最原始方法：

① 先求 1 × 2，得到结果 2；

② 将步骤 1 得到的乘积 2 乘以 3，得到结果 6；

③ 将 6 再乘以 4，得 24；

④ 将 24 再乘以 5，得 120；

⑤ 结束。

这样的算法虽然正确，但太繁琐。改进的算法如下：

S1：　使 t=1；

S2：　使 i=2；

S3：　使 t × i，乘积仍然放在变量 t 中，可表示为 t × i→t；

S4：　使 i 的值增加 1，即 i+1→i；

S5：　如果 i≤5，重新返回步骤 S3；

S6：　结束。

如果计算 100！只需将 S5 里的“如果 i≤5”改成“如果 i≤100”即可。

该算法不仅正确，而且是比较适合计算机的算法，因为计算机是高速运算的自动机器，实现循环轻而易举。

【思考验证】如果取消 S4 步，算法能够成立吗？

【融会贯通】求$1+\frac{1}{2}+\frac{1}{3}+\frac{1}{4}+\cdots+\frac{1}{100}$，写出其算法。

【例 3-3】对任意一个大于或等于 3 的正整数，判断它是不是素数。所谓素数是这样的一个数，它除了 1 和自身之外再也没有约数。如 17、29 等是素数，2 是最小的素数。

算法可表示如下：

① 输入 n 的值；

② i=2；

③ n 被 i 除，得余数 r；

④ 如果 r=0，表示 n 能被 i 整除，则输出“n 不是素数”，算法结束，否则执行⑤；

⑤ i+1→i；

⑥ 如果 i≤n−1，返回③执行，否则输出“n 是素数”；

⑦ 结束。

为了减少循环次数，将⑥改进为：

如果 $i \leq \sqrt{n}$，返回 S3 执行，否则输出“n 是素数”；

那么，算法与程序有什么关系呢?

一个程序应包括：

（1）对数据的描述

在程序中要指定数据的类型和数据的组织形式，即数据结构（data structure）；

（2）对操作的描述

即操作步骤，也就是算法（algorithm）。

可以说，程序就是遵循一定规则的、为完成指定工作而编写的代码。有一个经典的等式阐明了什么叫程序：

程序 = 算法 + 数据结构 + 程序设计方法 + 语言工具和环境

因此，算法是程序的灵魂！

2．算法的特点

算法有如下特点。

（1）有穷性：一个算法应包含有限的操作步骤而不能是无限的。

（2）确定性：算法中每一个步骤应当是确定的，而不能是含糊的、模棱两可的。

（3）有零个或多个输入。

（4）有一个或多个输出。

（5）有效性：算法中每一个步骤应当能有效地执行，并得到确定的结果。

对于程序设计人员，必须会设计算法，并根据算法写出程序。

通过下面的例子体会算法的特点。

【例 3-4】用气枪打气球，共有 30 颗子弹，打中气球一次则得奖一个，写出计算得奖个数的算法。

① 得奖个数 m = 0（有零个或多个输出）；

② 发 30 颗子弹（有零个或多个输入）；

③ 射击一次，子弹个数减一（有效性。每次射击都是有效的，一定产生打中与否的结果）；

④ 如果打中气球，则得奖个数增加一，即 m = m + 1（确定性。要么打中，要么没打中，必取其一）；

⑤ 如果子弹个数大于零，则转至③（确定性。子弹个数一定是大于或等于零）；

⑥ 射击结束（有穷性，射击 30 次后结束）；

⑦ 共获得奖 *m* 个（有一个或多个输出）；

⑧ 结束。

课堂练习 1

1. 请写出到书店购买一本书的算法。
2. 请编写求 S=1+2+3+⋯+100 的算法。

3.2 算法描述工具

描述算法有多种工具，自然语言、传统流程图、N-S 流程图、判定表、判定树、伪码等。下面简介前三种算法描述工具。

1．用自然语言表示算法

如例 3-1、例 3-2 和例 3-3 都是用自然语言表示算法，当然这种表示法只适合于较简单的问题。

用自然语言表示算法，通俗易懂，特别适用于对顺序程序结构算法的描述。在使用时，要特别注意算法逻辑的正确性。比如，下列乘坐飞机的各步骤中就存在逻辑错误：

① 买飞机票；

② 换登机牌；

③ 到达指定机场；

④ 检票；

⑤ 安全检查；

⑥ 候机；

⑦ 登机。

②与③有错误，因为要“换登机牌”必先“到达指定机场”。

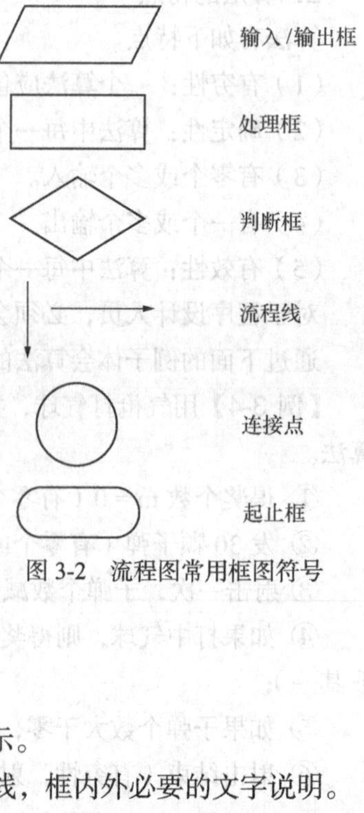

图 3-2　流程图常用框图符号

2．用传统流程图表示算法

流程图分两种：传统流程图、N-S 流程图。

传统流程图的四框一线，符合人们思维习惯，用它表示算法，直观形象，易于理解。常用的框图符号如图 3-2 所示。

【例 3-5】 例 3-1 泡茶的过程用流程图表示，如图 3-3 所示。

【例 3-6】 例 3-2 求 5!的算法用流程图表示，如图 3-4 所示。

【例 3-7】 例 3-3 的判断素数算法用流程图表示，如图 3-5 所示。

一个流程图应该包括：表示相应操作的框图，带箭头的流程线，框内外必要的文字说明。

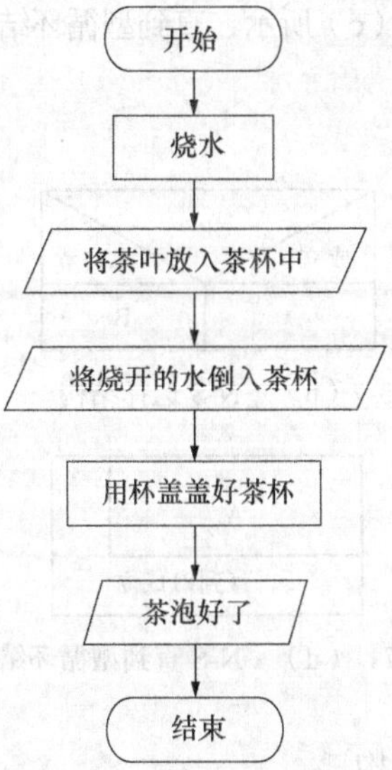

图 3-3　泡茶的流程图

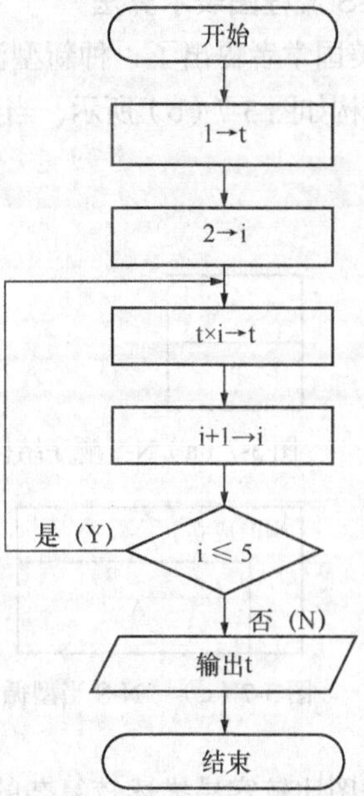

图 3-4　求 5!的算法用流程图

有了流程图和自然语言描述的算法，写程序就轻松了，如同按图索骥、照猫画虎一般，将每一个框（或行）描述的功能用一个或多个语句替代，即大功成矣！图 3-6 所示为一个通用的程序设计流程图。

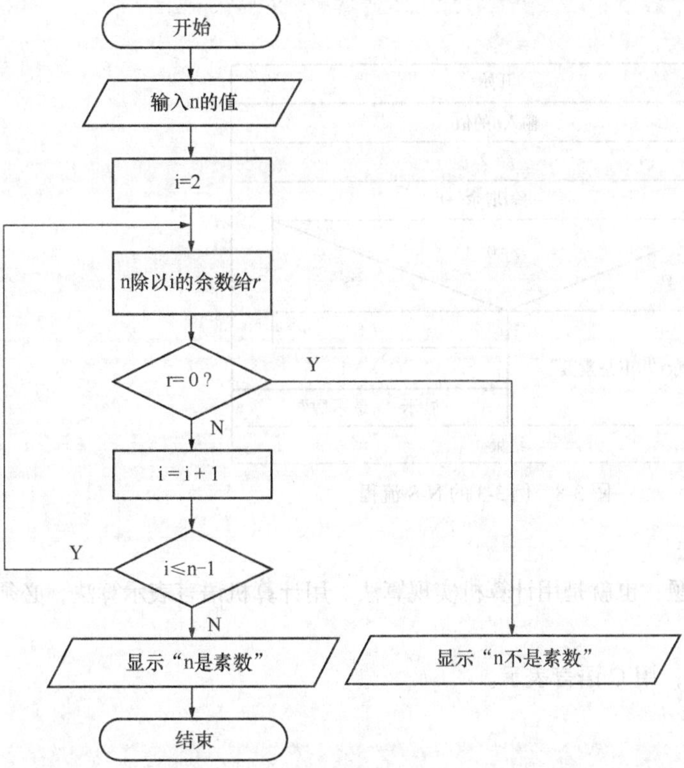

图 3-5　判断“素数”的流程图

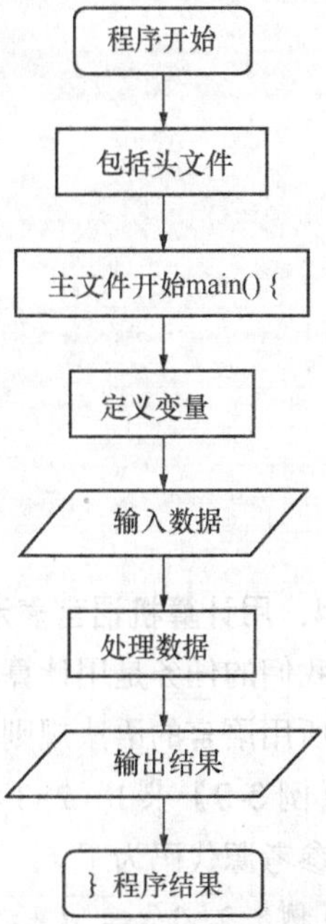

图 3-6　程序设计流程图

3．用 N-S 流程图表示算法

1973 年美国学者提出了一种新型流程图：N-S 流程图。这种流程图描述顺序结构如图 3-7（a）所示，选择结构如图 3-7（b）所示，当型循环结构如图 3-7（c）所示、直到型循环结构如图 3-7（d）所示。

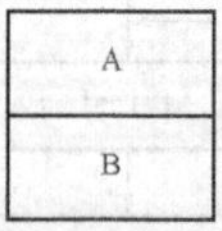

图 3-7（a）N-S 顺序结构

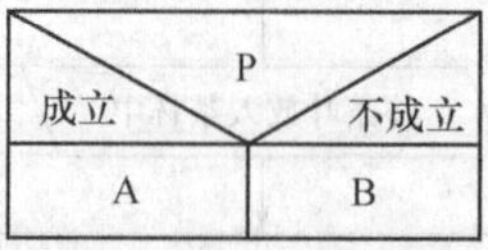

图 3-7（b） N-S 选择结构

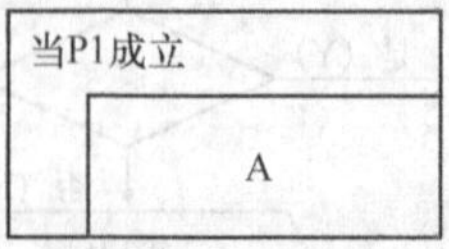

图 3-7（c） N-S 当型循环结构

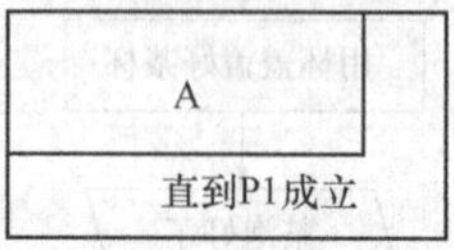

图 3-7 （d） N-S 直到型循环结构

N-S 流程图比较容易描述较复杂的选择结构和循环结构。

（1）顺序结构：程序执行完 A 语句后接着执行 B 语句。

（2）选择结构：当条件 P 成立时，则执行 A 语句，否则执行 B 语句。

（3）当型循环结构：当条件 P1 成立时，则循环执行 A 语句。

（4）直到型循环结构：循环执行 A 语句，直到条件 P1 成立为止。

【例 3-8】将例 3-7 的流程框图用 N-S 流程图表示，如图 3-8 所示。

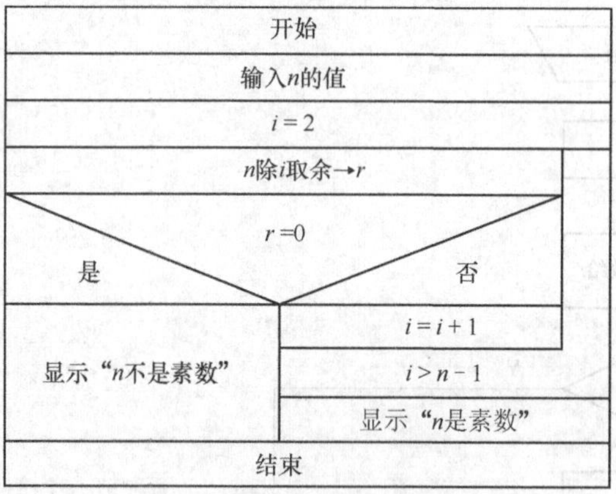

图 3-8 例 3-3 的 N-S 流程

4．用计算机语言表示算法

我们的任务是用计算机解题，也就是用计算机实现算法。用计算机语言表示算法，必须严格遵循所用语言的语法规则。

【例 3-9】求 1 × 2×3 × 4×5，用 C 语言表示。

参考源代码为

```
/* 例 3-9, 3-9.c */
#include <stdio.h>
```

```
void main( )
{
    int i, t;
    t = 1;
    i = 2;
    while ( i <= 5 )
    {
          t = t * i;
          i = i + 1;
    }
    printf("\n%d", t);
}
```

5. 结构化程序设计方法

上述各算法属于结构化程序设计方法，这与以后可能要学习的面向对象的程序设计方法有明显区别。结构化程序设计方法是面向过程的，其设计步骤如图 3-9 所示，归纳起来有以下几个特点：

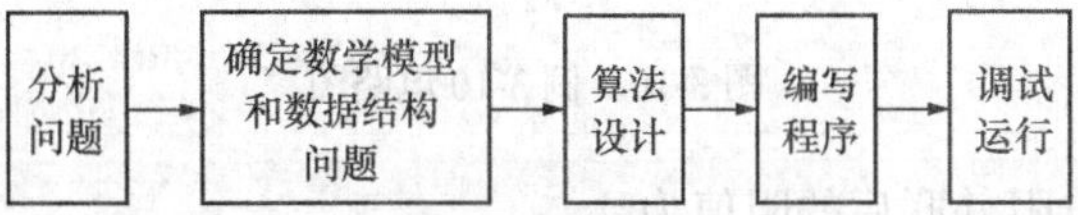

图 3-9　结构化程序设计的步骤

- 自顶向下；
- 逐步细化；
- 模块化设计；
- 结构化编码。

课堂练习 2

请用框图描述出到体育馆去看一场足球的算法。

3.3 输入/输出函数

输入/输出是相对于计算机主体而言的，是指如何向计算机输入数据和如何从计算机中将数据输出来。在 C 语言中，所有的数据输入/输出功能都是由库函数完成的，因此都是函数语句。在使用 C 语言库函数时，要用预编译命令#include 将有关“头文件”包括到源文件中。使用标准输入/输出库函数时要用到“stdio.h”文件，因此源文件开头应有以下预编译命令：

```
#include <stdio.h> 或 #include "stdio.h"
stdio 是 standard input &output 的意思。
```

上述两种写法的区别是：对于前者，系统将直接在系统的库函数文件目录下去寻找该文件；

而对于后者，系统将首先在用户当前工作目录下寻找该文件，如果没有，再去系统的库函数文件目录下找。

printf( )和 scanf( )函数属于标准输入/输出函数，且使用频繁。为此，系统允许在使用这两个函数时可不包括头文件“stdio.h”。

3.3.1 输出函数

先看一个例子。

【例 3-10】有两个电阻并联，如图 3-10 所示，求 Rab=?（欧姆）。写程序计算 a、b 两点间的电阻 *Rab*=? Ω（欧姆）,保留两位小数，输出形式为三行左对齐输出。

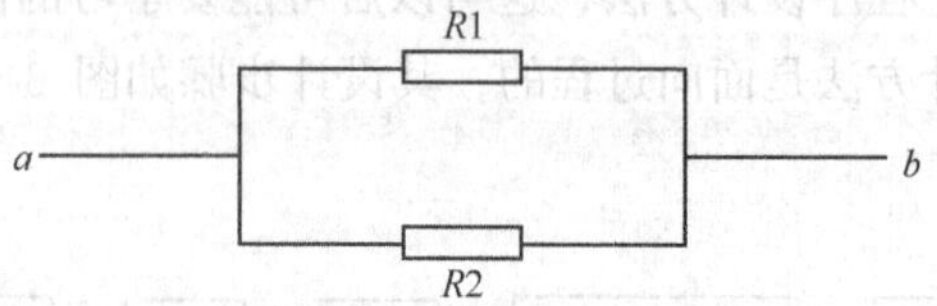

图 3-10 例 3-10 电路图

由电学知识知，两电阻并联后的阻值为

$$\frac{1}{Rab}=\frac{1}{R1}+\frac{1}{R2}$$

参考源代码为

```
/*例 3-10, 3-10.c*/
#include <stdio.h>
#include <math.h>
void main( )
{
  float R1, R2, R, Rab;
  printf("\n Please input R1, R2:");
  scanf("%f,%f", &R1, &R2);
  R = 1 / R1 + 1 / R2;
  Rab = 1 / R;
  printf("\nR1=%-10.2f\nR2=%-10.2f\nRab=%-10.2f", R1, R2, Rab);
}
```

【思考验证】不定义 *R* 变量，也能实现本例功能，程序该怎么改?

1．printf( )函数

printf( )函数称为格式输出函数，其关键字最末一个字母 f 即为“格式”（format）之意。它的功能是按用户指定的格式，把数据显示到标准输出设备（显示器）上。

printf( )函数的一般格式是：

```
printf("格式控制字符串", 输出表列)
```

其中——

格式控制字符串：用于指定输出数据的格式，如整数、实数、双精度，还有数据的进制等。格式控制串可由格式字符串和非格式字符串两种组成。格式字符串是以%开头的字符串，在%后面跟随各种格式字符，以说明输出数据的类型、形式、长度、小数位数等，见表 3-1。

表 3-1　　printf( )的格式说明符

说明符	功能
%d	输出十进制有符号整数
%ld	输出十进制有符号长整数
%x 或%0x	以十六进制形式输出无符号的整数
%u	输出十进制无符号整数
%f	输出浮点数
%s	输出字符串
%c	输出单个字符
%p	输出指针值
%e 或%E	输出指数形式的浮点数
%0	以八进制形式输出无符号的整数

输出表列：待输出的一系列数据项，其个数必须与格式化字符串所说明的输出参数个数一样多，各参数之间用“,”分开，且顺序一一对应，否则将会出现意想不到的错误。

printf( )中的格式控制是比较灵活的，合理运用可以输出各种形式，包括图形字符。

printf( )中的格式控制符可控制输出数据在屏幕上对齐方式和输出宽度，比如：

%md 表示输出整数占 *m* 位，右对齐；

%–md 表示输出整数占 *m* 位，左对齐；

%m.nf 表示输出共占 *m* 位，其中 *n* 位小数，右对齐；

%–m.nf 表示输出共占 *m* 位，其中 *n* 位小数，左对齐。

有兴趣的读者请参考其他书籍。

格式控制字符串中除格式控制符和转义字符以外的其他字符都视为是普通字符，与输出项无关，输出时按原样显示。有关转义符请参考上章。

【例 3-11】格式输出函数举例，输出下边由数字组成的图形。

```
    1    1
   12    21
  123    321
 1234    4321
12345    54321
```

参考源代码为

```
/* 例 3-11, 3-11.c */
#include <stdio.h>
void main( )
{
    printf("%10d\t%-10d\n ", 1, 1);
    printf("%9d\t%-10d\n", 12, 21);
    printf("%10d\t%-10d\n", 123, 321);
    printf("%10d\t%-10d\n", 1234, 4321);
    printf("%10d\t%-10ld\n", 12345, 54321);
}
```

【融会贯通】输出由“*”组成的平行四边形（5 行），如图 3-11 所示。

```
        * * * * * * * * * *
      *                   *
    *                   *
  *                   *
* * * * * * * * * *
```

图 3-11　由*号组成的平行四边形

【例 3-12】已知 *a*=3、*b*=4，分析下边代码的输出：

```
/* 例 3-12, 3-12.c */
#include <stdio.h>
void main( )
{
    int a = 3, b = 4;
    printf("a=%d,\tb=%d\n", a, b);
    printf("a + b = %d + %d = %d", a, b, a + b);
}
```

执行输出：

```
a=3,    b=4
a + b = 3 + 4 =7
```

通过上述两例的各种变化，说明了 printf( )的拆分与合并，既可以把几个 printf( )写成一个，也可以把一个 printf( )语句拆成几个 printf( )语句。

2．非格式化输出函数

putchar( ) 函数是字符输出函数，其功能是在显示器上输出单个字符常量或字符变量的值。其一般形式为

```
putchar(字符常量或字符变量);
```

例如：

```
putchar('A');         (输出大写字母 A)
putchar(x);           (输出字符变量 x 的值)
putchar('\101');      (也是输出字符 A)
putchar('\n');        (换行)
```

对控制字符则执行控制功能，不在屏幕上显示。

使用本函数前必须要用文件包含命令：#include<stdio.h>。

【例 3-13】输出单个字符。

```
/*例 3-13, 3-13.c*/
#include <stdio.h>
void main( )
{
  char a = 'Y', b = 'e', c = 's';
  putchar(a);
  putchar(b);
  putchar(c);
  putchar('\t');
  putchar('A');
  putchar('A' +1);
  putchar('A'+5);
}
```

运行输出：

```
Yes    ABF
```

3.3.2　输入函数

1. scanf( )函数

scanf( )函数是格式化输入函数，简而言之，它从标准输入设备（键盘）读取用户输入的信息。其一般格式是：

```
scanf("格式控制字符串", 地址表列);
```

scanf( )函数按指定的格式依次读取用户从键盘上输入的一系列数据，并按对应的格式赋值给一系列内存变量。

例如，下边的几个语句：

```
int a;
float b;
char c;
scanf("%d, %f, %ld", &a, &b, &c);
```

（1）地址表列

"&"是地址运算符，"&a"表示变量 *a* 的地址。对一般变量（除指针变量、数组名等外）来说，它在 scanf( )中是不能省略的。

scanf( )语句中的格式控制字符串必须与地址表列中相应变量的类型匹配（或兼容）。

很显然，scanf( )适宜写通用程序，因为原始数据不出现在语句中。其中，格式控制字符串的作用与 printf 函数相同，但不能显示非格式字符串，也就是不能显示提示字符串，而在地址表列中给出各变量的地址。

十进制类型（decimal）也是浮点数类型，只是精度比较高，一般用于财政金融计算。

提示

- 用户从键盘回答 scanf( )函数要求的各数据时，数据之间的分隔符要与 scanf( )中"各格式控制符"之间的分隔符保持一致。
- scanf( )函数中"地址表列"中地址项的个数必须与"各格式控制符"要求的数据个数相等。
- 各变量的格式控制符须与变量定义语句中变量类型相对应。

【例 3-14】输入与输出类型不一致举例，格式控制符与数据类型不一致，会造成数据丢失，有些 C 语言版本甚至解释为出错。

```
/*例 3-14, 3-14.c*/
#include <stdio.h>
void main( )
{
  int a;
  printf("input a number\n");
  scanf("%f", &a);    /* a 定义类型为 int，格式控制符选用了%f */
  printf("%d", a);
}
```

变量的地址和变量值的关系如下：

在赋值表达式中给变量赋值，如：x=123，则 x 为变量名，123 是变量的值，&x 是变量 x 的地址。

注意，赋值号左边是变量名，不能写地址，而 scanf 函数在本质上也是给变量赋值，但要求写成&a。&是一个取地址运算符，&a 是一个表达式，表示变量的地址。

（2）格式控制符

格式控制符的一般形式为：

%[*][输入数据宽度][长度]类型

其中类型和长度项的意义如下。

① 类型：表示输入数据的类型，其格式说明符和意义与 printf( )函数中的格式说明符基本相同。

② 长度：长度格式符为 l 和 h，l 表示输入长整型数据（如%ld）和双精度浮点数（如%lf）；h 表示输入短整型数据。

提示

使用 scanf( )函数还必须注意以下几点。

- scanf( )函数中没有精度控制，如：scanf("%5.2f", &a);是非法的。
- scanf( )中要求给出变量地址，如给出变量名则会出错。下行语句是非法的：

```
scanf("%d", a);
```

- 在输入多个数值数据时，若格式控制串中没有非格式字符作输入数据之间的间隔则可用空格、TAB 或回车作间隔。C 编译在碰到空格、TAB、回车或非法数据(如对“%d”输入“12A”时，A 即为非法数据)时即认为该数据结束。
- 在输入字符数据时，若格式控制串中无非格式字符，则认为所有输入的字符均为有效字符。例如：

```
scanf("%c%c%c",&a, &b, &c);
```

输入为：x y z，则把'x'赋予 a,' ' 赋予 b,'y'赋予 c。

只有当输入为：xyz 时，才能把'x'赋于 a,'y'赋予 b,'z'赋予 c。

如果在格式控制中加入空格作为间隔，如：

```
scanf ("%c %c %c", &a, &b, &c);
```

则输入时各数据之间可加空格。

如果格式控制串中有非格式字符则输入时也要输入该非格式字符。例如：

```
scanf("%d,%d,%d", &a, &b, &c);
```

其中用非格式符“,”作间隔符，故输入时应为：5,6,7。

如输入的数据与输出的类型不一致时，虽然编译能够通过，但结果将不正确。

- 提示串的应用：

```
scanf("a=%d, b=%f", %&a, %&b);
```

a=3, b=2.5×

建议一般不这样写，而另加提示语句，以使程序结构更清晰：

```
printf("\na=");
scanf("%d", &a);
printf("\nb=");
scanf("%f", &b);
```

【例 3-15】改写例 3-10，即有任意阻值的两个电阻并联，求并联后的电阻。

参考源代码为

```
/*例 3-15, 3-15.c*/
#include <stdio.h>
#include <math.h>
void main( )
{
  float R1, R2, Rab;
  printf("\n Please input R1,R2:");
  scanf("%f,%f",&R1, &R2);
  Rab = (R1 * R2) / (R1 + R2);
  printf("\nR1=%-10.2f\nR2=%-10.2f\nRab=%-10.2f",R1, R2, Rab);
}
```

【融会贯通】键盘输入两个物体的质量（*m*1、*m*2）及它们之间的距离（*r*），计算它们之间的万有引力（牛顿）。

2. 非格式化输入函数

下面介绍非格式化函数 getch( )、getche( )和 getchar( )，如表 3-2 所示，它们的函数原型在头文件“stdio.h”中。

表 3-2　　　非格式化输入函数

格式	功能	回显功能	结束输入方式
getch( )	从键盘上读入一个字符	无	无需回车
getche( )	从键盘上读入一个字符	有	无需回车
getchar( )	从键盘上读入一个字符	有	需回车

getch( )函数的另一功能是还可以用于程序暂停。

【例 3-16】getch( )和 getche( )函数应用举例。

```
/*例 3-16, 3-16.c*/
#include <stdio.h>
#include <conio.h>
void main( )
{
   char ch;
   clrscr( );                /* 清屏 */
   printf("Please input a character:");
   ch = getche( );           /* 从键盘上带回显的读入一个字符送给字符变量 ch */
   putchar(ch);
   printf("\nPress any key to confinue...");
   getch();                  /* 暂停，以观察结果*/
}
```

运行输出：

```
Please input a character:ff
Press any key to confinue...
```

【例 3-17】getchar( )函数应用举例。

```
/*例 3-17, 3-17.c*/
#include <stdio.h>
#include <conio.h>
void main( )
{
    char c;
```

```
    c = getchar( );    /* 从键盘读入字符直到回车结束 */
    putchar(c);      /* 显示输入的第一个字符 */
    getch();
}
```

运行输出：

```
abcde
a
```

上例中由于用到了 getchar( )函数，因此在显示出字符‘a’后系统暂停等待，再敲任意键后结束。

【例 3-18】输入三角形的三边长，求三角形面积。

已知三角形的三边长 a、b、c，则求三角形的面积公式为：$area = \sqrt{s(c-c)(s-b)(s-c)}$，其中 $s = (a+b+c)/2$。

算法：用 N-S 流程图描述的程序逻辑如图 3-12 所示。

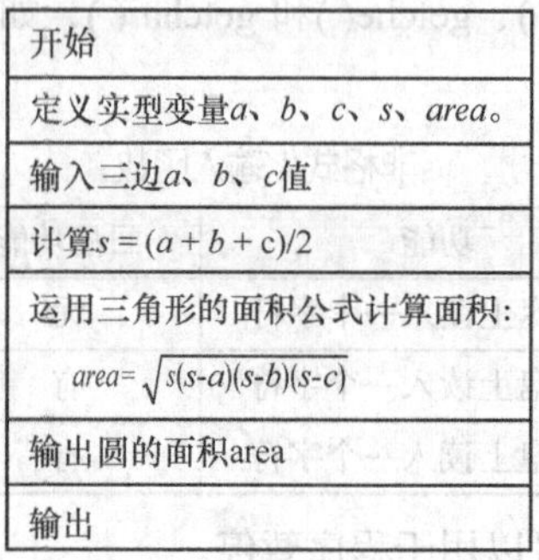

图 3-12　例 3-18 的 N-S 流程图

参考源代码为

```
/*例 3-18, 3-18.c*/
#include <stdio.h>
#include <math.h>
void main( )
{
    float a, b, c, s, area;                             /* 定义变量 */
    printf("Please input a,b,c:\n");                    /* 输出提示信息 */
    scanf("%f,%f,%f",&a, &b, &c);                       /* 输入三角形三边的值 */
    s = ( a + b + c ) / 2.0;                            /* 求三角形三边和的一半 */
    area = sqrt(s * (s - a) * (s - b) * (s - c)); /* 按公式计算三角形的面积 */
    printf("a=%7.2f,b=%7.2f,c=%7.2f,s=%7.2f\n", a, b, c, s);
    printf("area=%7.2f\n", area);
}
```

运行输出：

```
Please input a,b,c:
3,4,5
a=    3.00,b=    4.00,c=    5.00,s=    6.00
area=    6.00
```

【融会贯通】某班学生参加了 13 天夏令营活动，共计行程 403km。已知该班学生晴天日行 35km，雨天日行 22km。试编程计算整个夏令营期间，晴天、雨天各多少天？

课堂练习 3

1. 请列举出本节所介绍的输出函数。它们的用法有何区别？
2. 请列举出本节所介绍的输入函数。它们的用法有何区别？
3. 如果要让程序暂停，可使用本节所介绍的哪一个函数来实现？

3.4 复合语句和空语句

在 C 语言程序中，可以用一对花括号将若干条语句组合在一起形成一个整体。这种由若干条语句组合而成的整体就叫复合语句，它是程序中的“特区”。从语法上来讲，它相当于一个语句。

复合语句的一般格式是：

```
{
    语句 1;
    语句 2;
    …
    语句 n;
}
```

复合语句内部的各条语句都以分号“;”结束。复合语句是允许嵌套的，也是就是在花括号内含的花括号也是复合语句。复合语句在程序运行时，花括号中的各单语句是依次顺序执行的。C 语言将复合语句视为一条单语句，也就是说在语法上等同于一条语句。对于一个函数而言，函数体就是一个复合语句，也许大家会因此知道复合语句中不仅可以有可执行语句，也可以有变量定义语句。要注意的是在复合语句中定义的变量，称为局部变量，所谓局部变量就是指它的有效范围只在复合语句中（详见后边章节）。

【例 3-19】复合语句举例。

```
/*例 3-19, 3-19.c*/
#include <stdio.h>
void main( )
{
    int a, b, c;
    /*将多个输入语句组合为一个复合语句*/
    {
    printf("input a=");
    scanf("%d", &a);
    printf("input b=");
    scanf("%d", &b);
    printf("input c=");
    scanf("%d", &c);
    }
    printf("\n a=%d,b=%d,c=%d", a, b, c);
}
```

在 C 语言中，仅由一个分号组成的语句称为“空语句”。空语句在编译时不产生任何指令，在执行时也不产生任何操作。因此，空语句只是 C 语言语法上的一种概念，它只作为形式上的一条语句而已。例如：

```
void main( )
{ ; }
```

这个由空语句构成的程序不会产生任何动作。

3.5 顺序结构的一般逻辑

1. 结构化程序设计的 3 种基本结构

结构化程序设计的思想要求只能用顺序、选择和循环 3 种基本结构来描述程序的运行逻辑，由这 3 种基本结构可以组成各种各样的程序。

顺序、选择和循环 3 种基本结构示意图如图 3-13 所示。

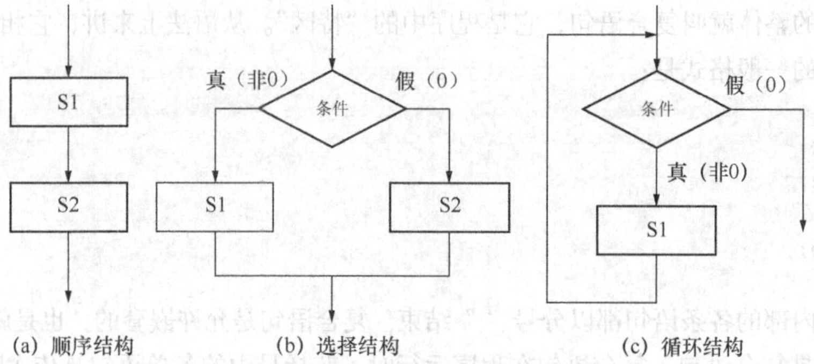

图 3-13 结构化程序设计的 3 种基本结构

2. 编码的规范性要求

在学习顺序结构之前，我们先简单讨论一下编写代码的规范性问题。虽然 C 语言中变量的命名只要符合语法规则，系统都会通过编译并能运行。可良好的编码习惯，不但有助于代码的移植和纠错，也有助于不同技术人员之间的协作。

在现代越来越庞大的软件开发过程中，对开发团队成员间的密切协作程度提出了更高的要求。每个程序员不能只是个人英雄，而且还必须是团队中和谐的一份子，大家都必须遵守共同的规则。因此，从一开始我们就要有意识地培养自已，形成一个良好的编码习惯。

在这里提出几条基本的编码建议。

（1）变量及函数的命名须遵循统一的规则。在编程时，变量、函数的命名是一个极其重要的问题。好的命名方法使变量易于记忆且程序可读性大大提高。匈牙利命名法是一种较常用的命名方法，它为 C 标识符的命名定义了一种非常标准化的方式，这种命名方式是以两条规则为基础：

- 标识符的名字以一个或者多个小写字母开头，用这些字母来指定数据类型；
- 在标识符内，前缀以后就是一个或者多个第一个字母大写的单词，这些单词清楚地指出了源代码内该对象的用途，比如 sStudentName 表示一个学生名字变量，数据类型是字符串型。

（2）该加注释的地方一定要加注释。

（3）复合语句的花括号要独占一行，其内部语句缩进。

（4）一条语句占一行。

（5）表达式中部分运算符两端留上空格，如 a = b + c 比 a=b+c 显得要清晰易读些。

（6）函数之间留空行。

涉及编码规范、程序规范及软件开发规范的是一个专门的大问题，读者可去查阅相关的专门书籍资料。

【例 3-20】随机产生一个 4 位自然数，输出它的逆数。如设某数 1965，则其逆数为 5691。

【简要分析】本例的关键是随机产生某范围内的整数的方法、分解与组合数字。

随机产生任意整数区间[*a*,*b*]内的一个整数，要用到随机函数 random( )和种子函数 randomize( )，相关头文件是“stdlib.h”。函数 random(*n*)负责产生区间[0,*n*)间的整数，randomize( )负责产生数的随机性。至于分解数字，可用运算符“%”和“/”实现。

不难推导，产生[*a*,*b*]区间整数的公式为 random(*b*−*a*+1)+*a*。对本例，4 位自然数区间是[1000,9999]，故产生其间任意整数的表达式为：random(9000)+1000。

本例需要 6 个整型变量：原始数 *x*，逆数 *y*，千位、百位、十位、个位上的数字 *qw*、*bw*、*sw*、*gw*（当然，这些变量的名字是可以任意取的）。本例流程图如图 3-14 所示。

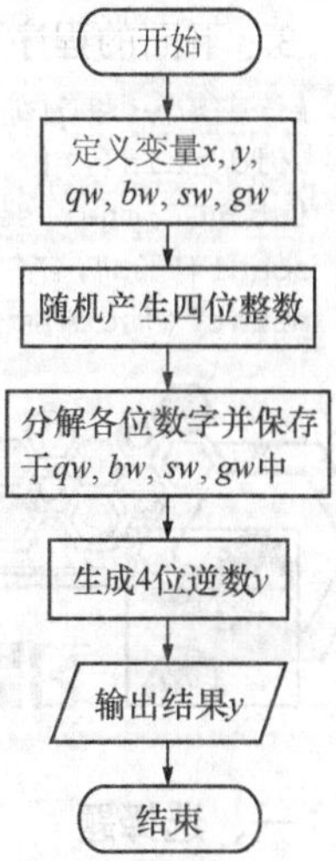

图 3-14　例 3-20 流程图

提示

用系统时间作随机种子，保证程序每次执行时均产生不同的随机数。用这种方法产生随机数，以后还将用到，请读者掌握。

参考源代码为

```
/*例 3-20, 3-20.c*/
#include "stdlib.h"
#include "time.h"
void main( )
{
  int x, y, qw, bw, sw, gw;
  randomize( );   /* 置随机函数种子 */
  x = random(9000) + 1000;
  gw = x % 10;  /* 依次分解各位数字 */
  sw = x / 10 % 10;
  bw = x / 100 % 10;
  qw = x / 1000 % 10;
  y = gw * 1000 + sw * 100 + bw * 10 + qw;  /* 组合成逆数 */
  printf("\nx=%d, y=%d", x, y);
}
```

【融会贯通】

有 50 位运动员（编号 1001～1050），都非常出色，现要从中选出 4 位参加田径接力赛。为公平起见，请编写程序，让计算机输出其中幸运的 4 位运动员的编号。

课堂练习 4

1. 结构化程序设计中包含有几种结构?
2. 请你谈谈代码规范的重要性。
3. 下面的程序可以执行，请修改其书写格式，使程序更规范易懂。

```
#include<stdio.h>
void main( ){
int AGE;char seX;seX='f';
scanf("%d",&AGE);
printf("sex=%c,age=%d",seX,AGE);}
```

习题

一、选择题

1. 以下哪一项不是算法的特点__________。

   A. 确定性　　B. 有零个或多个输入

   C. 无穷性　　D. 有一个或多个输出

2. 以下哪项不属于结构化程序设计方法的特点_________。

   A. 自顶向下　　B. 面向对象

   C. 模块化设计　　D. 结构化编码

3. 标准输入/输出函数原型在头文件_________中。

   A. conio.h　　B. stdio.h

   C. string.h　　D. math.h

4. printf( )函数的格式说明符中，要输出字符串应使用下面哪一个说明符_________。

   A. %d　　B. %f　　C. %s　　D. %c

5. printf( )函数的格式说明符%8.3f 是指_________。

   A. 输出场宽为 7 的浮点数，其中小数位为 3，整数位为 4

   B. 输出场宽为 11 的浮点数，其中小数位为 3，整数位为 8

   C. 输出场宽为 8 的浮点数，其中小数位为 3，整数位为 5

   D. 输出场宽为 8 的浮点数，其中小数位为 3，整数位为 4

6. 语句“printf("%d,%f\n",30/8, -30.0/8);”的输出结果是_________。

   A. 3，-3.750000　　B. 3.750000, -3.750000

   C. 3,3　　D. 3,-3

7. 下列程序段的输出结果是________。

```
#include<stdio.h>
void main( )
{
    int a;
    float b;
    a = 4;
    b = 9.5;
    printf("a=%d,b=%4.2f\n",a,b);
}
```

A. a=%d，b=%f\n　　B. a=%d，b=%f

C. a=4，b=9.50　　D. a=4，b=9.5

8. 语句“printf("%d,%f\n",30/8, -30.0/8);”的输出结果是________。

A. 3, -3.750000　　B. 3.750000, -3.750000

C. 3,3　　D. 3, -3

9. 对于下列程序段，当输入“3”并回车后屏幕上显示的内容是________。

```
int a;
scanf("%d",&a);
printf("%d",a/2);
```

A. 2　　B. 1

C. 3　　D. 0

10. 已知字符 a 的 ASCII 十进制代码为 97，则以下程序执行后的输出为________。

```
#include "stdio.h"
void main( )
{
    char ch;
    int a;
    ch = 'a';
    printf("%x,%o",ch,ch);
}
```

A. 61，141，12，k=%d

B. 输出项与格式描述符个数不符，输出为零值或不定值

C. 61，141

D. 61，141，k=%12

二、填空题

1. 算法是指____。

2. 复合语句是指____。

3. 要得到下列输出结果：

a,b

A,B

97,98,65,66

请按要求填空，补充以下程序：

```
#include "stdio.h"
void main( )
{
```

```
    char c1,c2;
    c1 = 'a';
    c2 = 'b';
    printf("________",c1,c2);
    printf("%c,%c\n",_________);
________________________________;
}
```

三、实训题（先写算法，然后编写代码，最后上机调试）

1. 编写程序，把 200 分钟换算成用小时和分钟来表示。

2. 化工厂买进 A、B 两等级煤共 56 吨，共付款 986 元。若 A 等煤单价每吨 x 元，B 等煤单价每吨 y 元，当 x、y 分别取值 6 元、31 元和 19 元、16 元时，求两种煤各买了多少吨，各用去了多少元？

第4章 分支结构

第 3 章介绍了顺序结构，但实际情况往往并非这样“一帆风顺”，会出现一些情况，要求由一个或多个前提条件决定事物的处理方法。

一个正确的程序是无懈可击的，在任何情况下都能被执行，并且输出的结果符合实际。这就要求程序员有缜密的逻辑思维，不允许由于程序设计的失误而隐藏 bug（漏洞）。从这个意义上说，前面章节的有些程序是不正确的，或至少是不完善的。如例 1-1，程序并没有排除当输入的半径为负数的情况。

所谓分支结构，是指程序在运行过程中根据条件有选择性的执行一些语句，故又称为选择结构。分支结构是程序三种基本结构之一。

【主要内容】

用算法描述分支结构；C 语言表达复杂条件；C 语言实现分支程序的三种方法，即条件运算符、if 语句、switch 语句（了解）。

【学习重点】

if/else 嵌套方法。

4.1 分支程序逻辑

请先看三个实例。

【例 4-1】从键盘输入 3 个数，如果这 3 个数能构成一个三角形，则输出该三角形的形状信息（等边、等腰、任意三种情况）。

【简要分析】当实际问题中涉及的条件较多时，如何科学地组织条件和表述条件，是正确编制程序的关键。

方法 1：用自然语言描述程序逻辑

① 设置相关环境；

② 定义实型变量 *a*、*b*、*c*（分别表示三角形三边）；

③ 输入 *a*、*b*、*c* 的值；

④ *a*、*b*、*c* 能构成三角形否？若能则转⑤，否则输出“不能构成三角形！”字样并转⑦；

⑤ *a*、*b*、*c* 能构成等边三角形否？若能则输出“等边三角形！”字样并转⑦，否则转⑥；

⑥ *a*、*b*、*c* 能构成等腰三角形否？若能则输出“等腰三角形！”字样并转⑦结束，否则输出“任意三角形！”字样并转⑦；

⑦ 结束。

如果将④、⑤两步判断顺序互换，程序逻辑正确吗？答案是否定的。因为等边三角形必是等腰三角形，所以即使输入的 *a*、*b*、*c* 相等，程序输出的信息也是“等腰三角形”，而不会是“等边三角形”！

方法 2：用传统流程图描述的程序逻辑

用传统流程图描述的程序逻辑如图 4-1 所示。

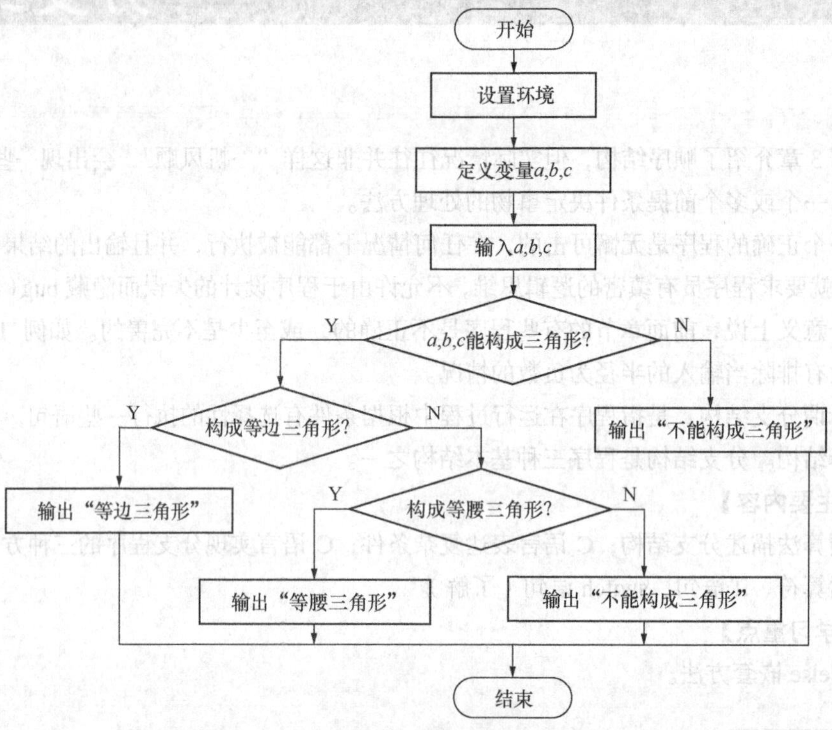

图 4-1　例 4-1 流程图

由数学知识可知，结论“*a*、*b*、*c* 能构成三角形”包含的前提条件有两个：

- *a*、*b*、*c* 必须同时为正数（$a>0$，$b>0$，$c>0$）；
- *a*、*b*、*c* 任意两数之和必须大于第三数（$a+b>c$，$b+c>a$，$a+c>b$）。

显然，这 6 个子条件是“与”逻辑关系，即 6 个子条件必须同时满足，结论才成立。

写程序如写诗，同一个题目对不同作者来说，写法可能不同，但逻辑思路必须通畅。比如本例，将③步改为：“③*a*、*b*、*c* 能构成三角形否？若不能转④，否则转⑤”，则后边各步的写法则要麻烦一些，读者不防一试。

【例 4-2】输入 3 个数，找出其中最大数。

方法 1：用自然语言描述的程序逻辑

① 设置相关环境；

② 定义实型变量 *x*、*y*、*z*、*max*（分别表示 3 个原始数据及其中的最大数）；

③ 输入 *x*、*y*、*z*；

④ 如果 *x*≥*y*，则转⑤，否则转⑥；

⑤ 如果 *x*≥*z*，则 *max*=*x*，转⑦；否则 *max*=*z*，转⑦；

⑥ 如果 *y*≥*z*，则 *max*=*y*，转⑦；否则 *max*=*z*，转⑦；

⑦ 输出 *max*，结束。

方法 2：用传统流程图描述的程序逻辑

用传统流程图描述的程序逻辑如图 4-2 所示。

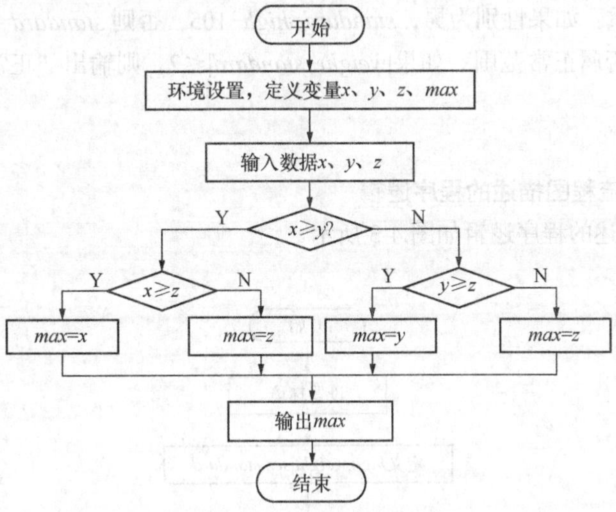

图 4-2　例 4-2 流程图

这个算法比较复杂，如果换一个角度思考：先找出 *x*、*y* 中较大数赋给 *max*，然后再从 *max* 和 *z* 中找最大数赋给 *max*，则要容易得多。用自然语言描述该逻辑是：

① 设置相关环境；

② 定义实型变量 *x*、*y*、*z*、*max*（分别表示 3 个原始数据及其中的最大数）；

③ 输入 *x*、*y*、*z*；

④ 如果 *x*≥*y*，则 *max*=*x*，否则 *max*=*y*；

⑤ 如果 *z*≥*max*，则 *max*=*z*；

⑥ 输出 *max*，结束。

请读者用传统流程图描述该算法。

【融会贯通】输入三个数，找出其中最小数。试描述算法。

【例 4-3】键盘输入某人身高（cm）和性别，判别其体重（kg）是否属正常范围，并输出相应信息。男性的标准体重为：身高−105；女性的标准体重为：身高−110。设与标准体重上、下偏差 2 kg 均属正常范围。

【简要分析】“性别是男是女？”、“体重是否正常？”，本题涉及的两个条件有一定的逻辑关系。因为性别决定正常体重的计算公式，所以应先判断性别再判断体重是否正常。设变量表如表 4-1 所示。

表 4-1　　　　　　　　　　　　例 4-3 的变量表

变量名	含义	类型	值
high	身高	float	
weight	实际体重	float	键盘输入
sex	性别（设 1 表男性，0 表女性）	int	
standard	标准体重	float	按性别计算求得

方法 1：用自然语言描述程序逻辑

① 设置相关环境；

② 定义变量 *high*、*weight*、*sex*、*standard* 分别代表身高、实际体重、性别、标准体重；

③ 输入原始数据 *sex*、*high*、*weight*；

④ 计算标准体重：如果性别为男，*standard=high*−105，否则 *standard=high*−110；

⑤ 判断体重是否属正常范围：如果|*weight*−*standard*|≤2，则输出“正常!”字样，否则输出“不正常”字样；

⑥ 结束。

方法 2：用传统流程图描述的程序逻辑

用传统流程图描述的程序逻辑如图 4-3 所示。

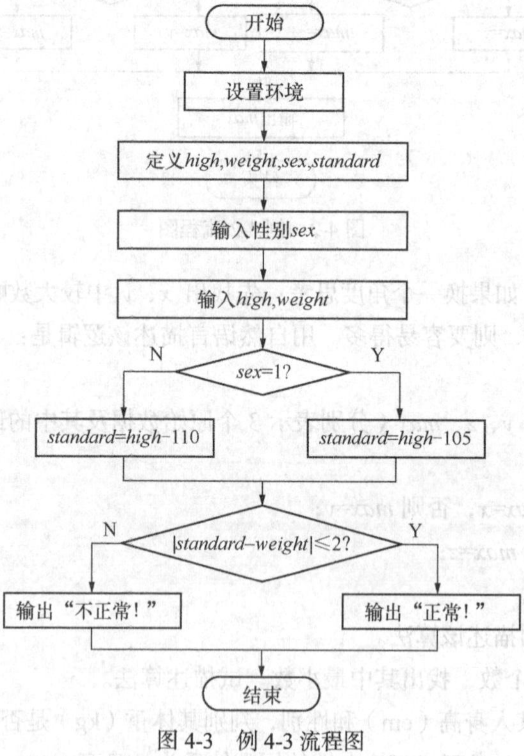

图 4-3　例 4-3 流程图

本例的缺陷有两个：一是不能输出实际体重 “偏胖”或“偏瘦”的信息；二是当输入性别非 0 或 1 时没有做必要限制。请读者针对这两个缺陷完善该算法。

课堂练习 1

请分别用自然语言、流程图描述下面的算法。

笛卡尔直角坐标系由四象限、原点、四根坐标轴组成。任意输入一对坐标（x，y），输出其对应点的位置信息。

4.2　条件表述

简单而正确地表述条件，是编写分支程序代码的前提。C 语言提供如下运算符表述条件：

- 关系运算符：==、!=、>、<、>=、<=
- 逻辑运算符：||、&&、!

1．表述单个条件用关系运算符

关系运算符中，==、!=（等于、不等于）优先级相同；>、<、>=、<=（大于、小于、大于等于、小于等于）优先级相同，但==、!=的优先级低于>、<、>=、<=。

例如：a 是 b 的倍数，可描述为：$a \% b == 0$。

2．表述多个条件用逻辑运算符

逻辑运算符||、&&、!（或、与、非）的优先级依次递增。需要注意的是，逻辑非（!）的优先级在 C 语言运算符中高居第 2，仅次于括号（）。

例如：数学式子 $a \leqslant x \leqslant b$，应该描述为：$x >= a \ \&\& \ x <= b$。

逻辑运算符的含义是：如果若干子条件同时成立，结论才成立，则各子条件之间的关系是逻辑“与”（&&）的关系；如果任意一个子条件成立，结论即成立，则各子条件之间的关系是逻辑“或”（||）的关系；如果条件与结论互斥，则条件与结论之间的关系是逻辑“非”（!）的关系。如 x 非零，可描述为：!(x==0)或 x!=0。

3．条件表达式的值

C 语言不提供布尔类型，条件表达式的值用整数 0 或 1 表示，0 表示条件不成立（假），非 0 表示条件成立（真）。

在计算条件表达式的值时，注意&&、||的短路规则。所谓短路规则，是指计算机从左向右依次计算关系表达式的值，如果计算到某一个关系表达式时已能得出整个条件表达式的值时，就不再计算其后边的关系表达式。显然，C 语言的短路规则使计算机计算条件表达式的值时有较快的速度。

例如：设 $a = 1, b = 2$，分析下面式子。

a ||（b++）因为 a=1 已经能使整个表达式的值 = 1，故 b++就不再执行。所以计算结束后 b 仍旧为 2。

!a &&（b--）因为!a 已经能使整个表达式的值 = 0，故 b--就不再执行。所以计算结束后 b 仍旧为 2。

【例 4-4】采用多种方式，描述下列条件。

① *a*、*b* 两数同号。

② *a*、*b*、*c* 三数不全为零。

③ *x* 是字母。

通过本例请理解如何把一个复杂的条件简单化。

① 题可表述为：a>0 && b>0 || a<0 && b<0 或 a*b>0。

② 题可表述为：!(a==0 && b==0 && c==0) 或 a*a+b*b+c*c!=0 或 a || b || c。

③ 题可表述为：x>='a' && x<='z' || x>='A' && x<='Z' 或 x>=97 && x<=122 ||x>=65 && x<=90。

课堂练习 2

1. 三位自然数 *x* 是完全平方数，并且它是 2、3、5 的倍数，但不是 7 的倍数。试表述该条件。

2. 三位自然数各位数字中有且仅有两位数字相同。

4.3 分支结构实现：条件运算符

一些简单的分支程序可以用一个运算符来构造，即条件运算符“? :”。条件表达式的语句形式之一是：

```
条件成立 ? 表达式 1 : 表达式 2 ;
```

例如，两数 *a*、*b* 同号求和，异号求差，放结果于变量 *c* 中。这可用条件运算符描述为：

```
a * b > 0 ? ( c = a + b) : ( c = a–b ) ;
```

条件表达式的功能如图 4-4 所示，即当条件成立时，条件表达式的值取表达式 1 的值，否则取表达式 2 的值。

实际使用时，常将条件表达式的值赋给一个变量，即条件表达式语句的另一种形式是：

```
变量名 = 条件成立 ? 表达式 1 : 表达式 2 ;
```

如前例可写成：c = a * b > 0 ? (a + b) : (a–b);

条件运算符是 C 语言中唯一的一个 3 目运算符，其优先级排名倒数第 3，高于赋值运算符，低于算术运算符和关系运算符。条件运算符的的结合方向是从右向左。

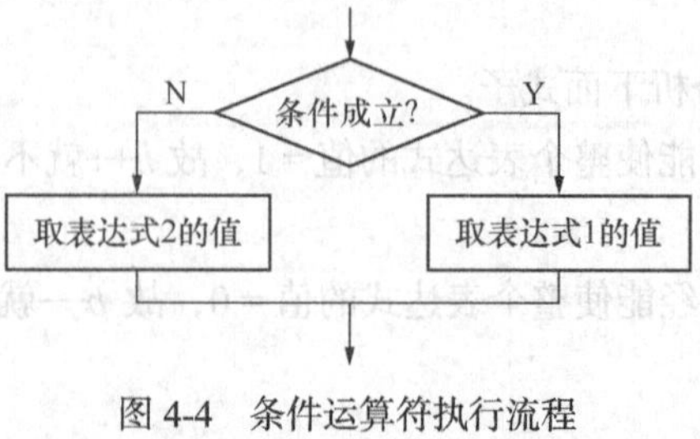

图 4-4 条件运算符执行流程

【例 4-5】计算分段函数的值。

$$y=\begin{cases}\sqrt{x} & (x\geqslant 0)\\ |x+1| & (x<0)\end{cases}$$

参考源代码 1：用条件运算符实现判断。

```
/* 例 4-5，4-5_1.c */
#include <math.h>
void main( )
{
   float x, y;
   printf("\nPlease input x: ");
   scanf("%f", &x);
   y = x >= 0 ? sqrt(x) : fabs(x+1);  /* 等价于：x>=0 ? (y=sqrt(x)) : (y=fabs(x));  */
   printf("y=%f\n", y);
}
```

不难写出例 4-2 第 2 种算法的 C 源程序如下。

参考源代码 2：用条件运算符实现判断。

```
/* 例 4-2，4-2_1.c */
#include <math.h>
void main( )
{
   float x, y, z, max;
   printf("\nPlease input x, y, z: ");
   scanf("%f,%f,%f", &x, &y, &z);
   max = x >= y ? x : y;          /* 等价于：x>=0 ? (max=x) : (max=y);  */
   max = z >= max ? z : max;
   printf("max=%f\n", max);
}
```

条件运算符可以嵌套。比如在例 4-2 的第 1 种算法中找 *max*，可以写成：

```
max = x >= y ? ( x >= z ? x : z ) : ( y >= z ? y : z ) ;
```

【思考验证】例 4-1 能用条件运算符实现吗？

课堂练习 3

请用条件运算符实现分支结构，求分段函数之值，试写源程序。

$$y=\begin{cases}x+1 & (x>0)\\ 0 & (x=0)\\ x-1 & (x<0)\end{cases}$$

4.4 分支结构实现：if 语句

实现分支结构最常用的方法是采用 if 语句。if 语句有两种格式，即不带 else 形式和带 else 形式。

1. 不带 else 的 if 语句

不带 else 的 if 语句是一种简单的 if 形式，其格式为

```
if ( 条件成立 )
{
    语句块;
}
```

功能如图 4-5 所示，即如果 if 括号内的条件成立，则执行语句块，否则跳过该 if 的语句块，直接执行下一条语句。

提示

- 这里所谓的 if 语句是指 if(条件)及花括号内的语句块全部；
- if 的条件必须放于紧靠其后的圆括号内，且右圆括号外不要有分号；
- 当语句块只有一条语句时，花括号{}可省略不写；
- 语句块内可以含任意合法的 C 语句，甚至包括 if 语句本身；
- if 语句书写格式灵活，可写于一行，也可写于多行（此时，最好保持锯齿形式）。

对例 4-5，可以改用 if 语句构造分支。

参考源代码为

```
/* 例 4-5, 4-5_2.c */
#include <math.h>
void main( )
{
  float x, y;
  printf("\nPlease input x: ");
  scanf("%f", &x);
  if ( x >= 0 )
    y = sqrt(x);
  if ( x < 0 )
    y = fabs(x);
  printf("y=%f\n", y);
}
```

if 语句可以改写成单行形式，如：

```
if ( x >= 0 ) y = sqrt(x);  /* 或 if  ( x >= 0) { y = sqrt(x); }  */
```

2. 带 else 的 if 语句

带 else 的 if 语句是用得最广泛的，其格式是：

```
if  ( 条件成立 )
{
    语句块 1;
}
else
{
    语句块 2;
}
```

功能如图 4-6 所示，即如果 if 括号内的条件成立，则执行语句块 1，否则执行语句块 2。

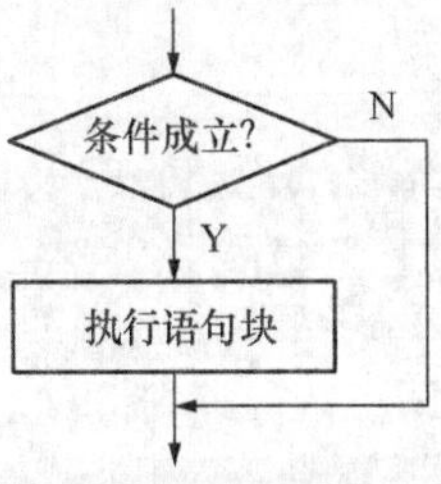

图 4-5　简单 if 语句执行流程

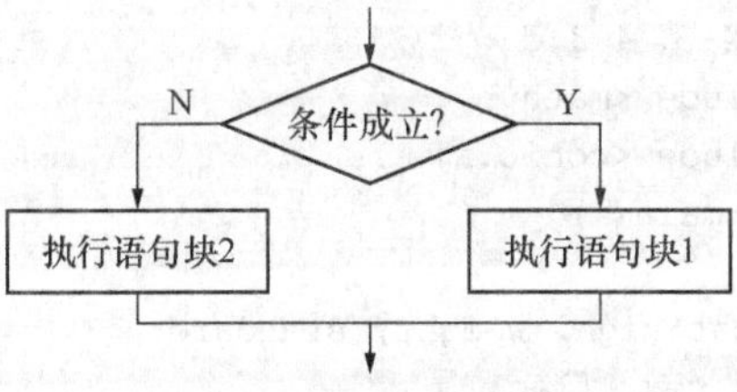

图 4-6　if/else 执行流程

对例 4-5 也可以用 if/else 语句构造分支。

参考源代码为

```
/* 例 4-5, 4-5_3.c */
#include <math.h>
void main( )
{
   float x, y;
   printf("\nPlease input x: ");
   scanf("%f", &x);
   if ( x >= 0 )
      y = sqrt(x);
   else
      y = fabs(x);
   printf("y=%f\n", y);
}
```

对例 4-1，可以用 if/else 来构造分支。

参考源代码为

```
/* 例 4-1, 4-1.c */
void main( )
{
   float a, b, c;
   printf("\nPlease input a, b, c: ");
   scanf("%f,%f,%f", &a, &b, &c);
   if ( a > 0 && b > 0 && c > 0 && a + b > c && b + c > a && a + c > b )  /* 大前提 */
      if ( a == b && b == c )
        printf("等边三角形! \n");
      else                                  /* 否定等边条件 */
         if ( a == b || b == c || a == c )
           printf("等腰三角形! \n");
         else                               /* 否定等腰条件 */
           printf("任意三角形! \n");
   else                                     /* 否定大前提 */
     printf("不能构成三角形! \n");
}
```

【思考验证】请用不带 else 的 if 语句写出本例代码。

提示

当连续使用 if/else 格式时，else 总是否定与它靠得最近的那一个尚未被否定的 if 条件。

下面是用 if/else 分支结构书写例 4-3 的程序。

参考源代码为

```
/* 例 4-3, 4-3.c */
#include <math.h>
#include <conio.h>
void main( )
{
  float high, weight, standard;
  int sex, flag;
  clrscr( );
  printf("\nPlease input sex(1 man, 0 woman): ");
  scanf("%d", &sex);
  printf("\nPlease input high, weight: ");
  scanf("%f,%f", &high, &weight);
  if ( sex == 1 )            /* 分性别计算标准体重 standard */
     standard = high - 105;
  else
    if ( sex == 0 )
       standard = high - 110;
    else
    {
       printf("Sex input error ! \n");
       exit(0);          /* 退出程序的执行，不可缺少！ */
    }
  if ( fabs(standard - weight) <= 2 )
    printf("正常!\n");
  else
    printf("不正常!\n");
}
```

【融会贯通】键盘输入 3 个数，要求输出这 3 个数之间的关系（3 数相同，有 2 个数相同，3 个数全不同）。试描述算法，并写代码。

课堂练习 4

请用传统流程图描述算法、if/else 实现分支结构，试写下列问题的源程序。

保险公司根据月签单金额将业务员划分为 5 个级别。规则是：月签单 50 万元以上为“金牌”保险员，月签单 30 万元以上为“银牌”保险员，月签单 10 万元以上为“铜牌”保险员，月签单 5 万元以上为“铁牌”保险员，否则“红牌”警示。请编写程序，输入业务员月签单金额，即输出该业务员对应的级别。

4.5 分支结构实现：switch 语句

当分支条件有非常强的规律性，并且条件较多时，宜用 C 语言中的 switch 语句。if 语句可代替 switch 语句，鉴于 switch 语句较“怪异”，建议初学者仅了解 switch 语法即可。

switch 语句的一般格式是：

```
switch ( 条件表达式 )
{
  case 常量 1:
        语句块 1;
        break;
   case 常量 2:
        语句块 2;
        break;
   …
   case 常量 n:
        语句块 n;
        break;
  default:
        语句块 n+1;
}
```

switch 语句的执行过程是：将 switch 后条件表达式的值与 case 后的各常量进行比较，转到值相等的那个 case 标号后的语句块执行，执行过程中一旦遇到 break 语句就跳出 switch 语句；如果无一值相等，则执行 default 后的语句块 n+1；如果既无一值相等又没有 default，则不执行 switch 中任何语句。

switch 语句功能如图 4-7 所示。

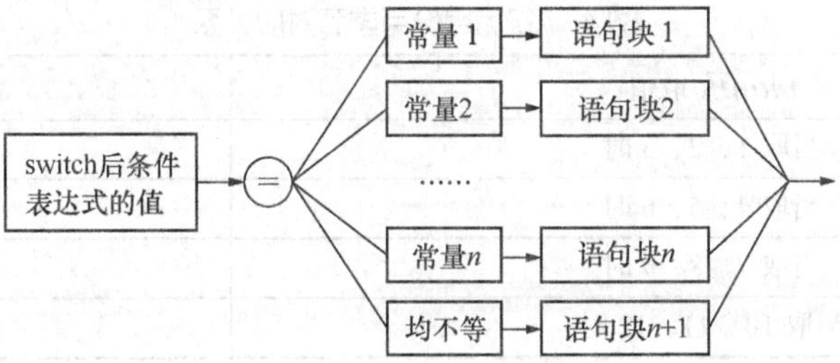

图 4-7　switch 执行流程

由此可见，switch 语句中的条件表达式就像开关一样接通某一个匹配的 case 语句，故 switch 语句又称开关语句。

提示

- break 语句的作用是终止 switch 语句，执行 switch 结构外的语句。如果没有 break 语句，程序将继续执行下一个 case 语句，直到遇到 break 或 switch 结构结束为止。
- 条件表达式的类型应与 case 后常量类型（一般是 int 或 char 型）保持一致，并且各常量值应不重复。

【例 4-6】 分析程序，当输入的 a 值分别为'a'、'b'、'c'、'd'时，b 值等于多少。

参考源代码为

```
/* 例 4-6, 4-6.c */
void main( )
{
   char a;
```

```
    int b = 0;
    printf("\na=");
    scanf("%c", &a);
    switch ( a )
    {
        case 'a': b = 10;          /* ①*/
        case 'b':                  /* ②*/
        case 'c': b = 20; break;   /* ③*/
        case 'd': b = 30;          /* ④*/
        case 'e': b = 40;          /* ⑤*/
        default: b = 50;           /* ⑥*/
    }
    printf("b=%d\n", b);
}
```

主要看 break 出现的位置，遇 break 则跳出 switch 结构。

a='*a*'时，执行①、②、③行的 case 语句：*b*=20；

a='*b*'时，执行②、③行的 case 语句：*b*=20；

a='*c*'时，执行③行的 case 语句：*b*=20；

a='*d*'时，执行④、⑤、⑥行的 case 语句：*b*=50。

【例 4-7】一年四季，按农历一般规定 1～3 月为春季，4～6 月为夏季，7～9 月为秋季，10～12 月为冬季。编写程序，实现当输入农历月份（1～12）时，输出对应的季节。

本题设两个整型变量 *month*、*season* 分别表示月份和季节，对应关系见表 4-2。

表 4-2　　例 4-7 农历月份与季节对应关系

month 取值	*season* 值
当取 1、2、3 时	1
当取 4、5、6 时	2
当取 7、8、9 时	3
当取 10、11、12 时	4

由此得出分支表达式为：*season* = (*month*−1) / 3 + 1，用传统流程图描述的程序逻辑如图 4-8 所示。

参考源代码为

```
/* 例 4-7, 4-7.c */
void main( )
{
  int month, season;
  printf("\n 请输入月份: ");
  scanf("%d", &month);
  if ( month >= 1 && month <= 12 )
    {
      season = ( month - 1 ) / 3 + 1;
      switch ( season )
      {
         case 1: printf("春季!\n"); break;
         case 2: printf("夏季!\n"); break;
         case 3: printf("秋季!\n"); break;
```

```
        default: printf("冬季!\n"); break;
      }
    }
  else
    printf("输入非法!\n");
}
```

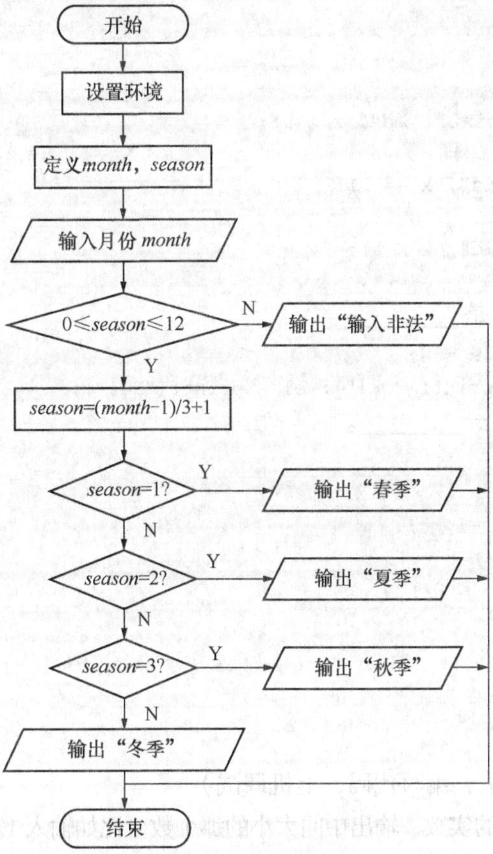

图 4-8　例 4-7 流程图

习题

一、填空题

1. 下边程序段执行后 *a*=________。

```
int a;
if ( 3 && 2 ) a = 1;
else a = 2;
```

2. 下边程序段执行后 *b*=________。

```
int a = 1, b;
switch ( a )
{
```

```
    case 1: a = a + 1, b = a;
    case 2: a = a + 2, b = a;
    case 3: a = a + 3, b = a; break;
    case 4: a = a + 4, b = a;
  }
```

3. 下边程序执行后，输出的结果是________。

```
void main( )
{
  int x = 5;
  if ( x > 5 ) printf("%d", x > 5);
  else if ( x == 5 )
        printf("%d", x == 5);
      else
        printf("%d", x < 5);
}
```

4. 下边程序段的输出是________。

```
int a = 2, b = 3, c = 4;
if ( c = a + b ) printf("OK!"); else printf("NO!");
```

5. 下边程序执行后，c=________。

```
void main( )
{
   int a = 1, b = -1, c;
   if ( a * b > 0 ) c = 1;
   else if ( a * b < 0 )
         c = 2;
      else
         c = 3;
    printf("%d", c);
}
```

二、实训题（描述算法，编写代码，上机调试）

1. 输入三个互不相等的实数，输出中间大小的那个数。比如输入12、56、45，则中间数为45。

2. 求解一元二次方程 $ax^2+bx+c=0$。如果有实根，则输出；否则输出“无实根”字样。

3. 某市出租车计费，起步价4元，前3km不计费；超过3km但不足20km，按单程1.40元/km计费；从20km开始，一律按单程1.00元/km计费。实际行驶里程四舍五入取整后作为计算时的里程。请为出租车写一个程序，当输入实际里程时，立即输出乘客应付的出租车费。

4. 输入一天24小时制的时间（0～23时），输出对应的时段。规定：[0, 4]点为深夜；（4，6]点为凌晨；（6，8]点为早晨；（8，12]点为上午；（12，18]点为下午；（18，0]点为晚上。

5. 由键盘输入任意一个数字（0～5），输出它对应的英文单词。

6. 某篮球专卖店篮球单价145元/个。批发规则为：一次购买10个以内不打折；一次购买20个以内打9折；一次购买40个以内打8折；一次购买50个以内打7折；一次购买超过50个（含50个）一律按65元/个计算。写程序实现当输入用户购买篮球的个数时，立即输出其付款金额。

第5章 循环结构

所谓循环，是指由于某种需要反复执行一些语句的过程。顺序结构、选择结构、循环结构被称为程序三大结构，乃程序设计之基础。循环结构又称为重复结构，三大结构中应用最为广泛。

掌握循环结构程序设计，唯一方法是多画程序流程图（传统流程图、N-S 流程图），多编写程序，多上机调试程序，并尽量做到一题多解。

【主要内容】

三种循环语句（for、while、do-while）的格式和执行过程。

【学习重点】

递推法、穷举法、标志法、迭代法等几种常用算法；多重循环的应用。

5.1 循环结构逻辑

先看一个实例。

如图 5-1 所示，是田径运动会 1000m 长跑项目示意图。如果跑道一圈为 200m，则运动员需要跑 5 圈。设一个变量 i 统计运动员跑的圈数，则比赛过程可描述为：

① 运动员做好准备，从入口进入跑道，i 清 0，比赛开始；

② 跑够 5 圈了吗（$i \leqslant 5$）？如果没有则转③，否则转⑥；

③ 继续跑一圈；

④ 圈数加 1；

⑤ 转②；

⑥ 从出口退出，停止跑步，结束比赛。

执行顺序：①→②→③→④→⑤→②→③→④→⑤……②→③→④→⑤→⑥，第②～⑤之间构成循环。让我们再仔细分析一下，结束比赛的条件：如果以圈数为单位，跑够了 5 圈则停止比赛；如果以长度为单位，跑满了 1000m 则停止比赛；还有一种情况，中途遇到特殊情况也停止比赛（如晕倒、受伤、急病等）。

设运动员一步跑 0.5m，变量 *len* 统计运动员跑的路程，则本过程可逻辑描述为：

① 做好准备，从入口进入跑道，*len* 清 0，比赛开始；

② 跑够 1000m 了吗（*len*≤1000）？如果没有则转③，否则转⑥；

③ 继续跑一步；

④ 路程增加 0.5m，即 *len*=*len*+0.5；

⑤ 转②；

⑥ 从出口退出，停止跑步，结束比赛。

与前例一样，仍然是第②～⑤之间构成循环。由此可见，循环就是当事物满足某条件时，反复执行某些动作的过程。*i* 或 *len* 称循环控制变量。

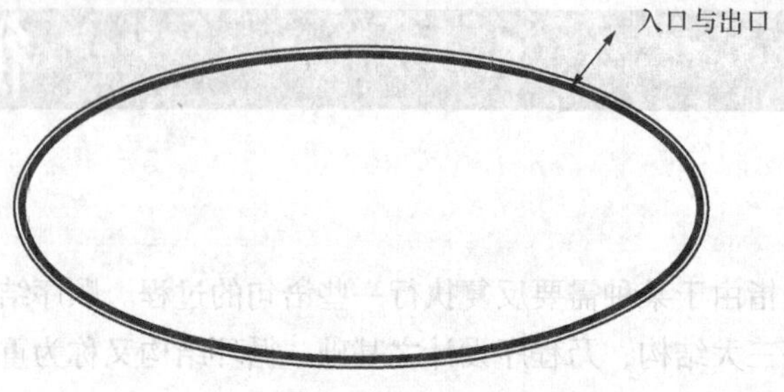

图 5-1　循环举例

C 提供了三种语句（for、while、do-while）以构造循环结构，同时还提供了中途结束循环的语句 break，希望读者在后续的学习中认真领会。

课堂练习 1

梁山伯编了一条短消息，并将它发送给了远方的两位同学，短消息内容是“请在收到此消息的第二天将本消息转发给你的两位同学，谢谢！”。假设没有同学重复收到该消息，请您帮梁山伯算一算，一个月（30 天）内，共有多少同学收到了这个消息？试用自然语言描述该逻辑。

5.2 for 循环

for 循环是 3 种循环结构中使用频率最高的循环，原则上任何循环程序均能用 for 语句构造出来。

5.2.1 模仿编写 for 程序

【例 5-1】求前 100 个自然数之和：1+2+3+…+98+99+100，并显示结果。程序流程图如图 5-2 所示。

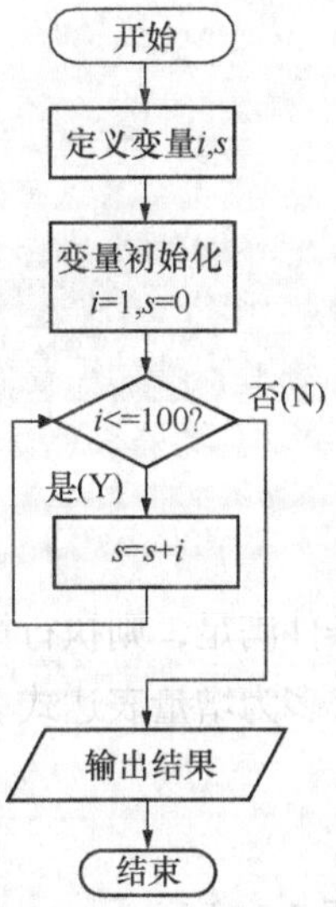

图 5-2　例 5-1 流程图

参考源代码为

```
/* 例 5-1, 5-1.c */
#include <stdio.h>
void main( )
{
   int i, s = 0;
   for ( i = 1; i <= 100 ; i++ )
   {
     s = s + i;
   }
   printf( "\ns = %d", s );
}
```

运行输出：

$s = 5050$

程序中出现了新语句 for。for 这个单词在英语中的意思是“对于”。可以这样解释：对于 i 从 1→100，每次自增 1，反复执行 s=s+i。

【思考验证】下面代码的目标是求和 s=1+1/3+1/5+⋯+1/99，试分析其错误。

参考源代码为

```
#include <stdio.h>
void main( )
{
   int i, s;
   for ( i = 1, s = 0; i <= 99; i = i + 2 )  /* i = i + 2 确保 i 是奇数 */
   {
     s += 1 / i;                              /* 累加求和 */
   }
   printf( "\ns=%d", s );
}
```

【融会贯通】编程计算 2+4+6+⋯+100 之和。

5.2.2 for 语句

1．for 语句的格式

```
for( 表达式 1; 表达式 2; 表达式 3 )
    {
        循环体语句组;
    }
```

2．for 语句执行过程

（1）执行表达式 1（多为赋初值）；

（2）执行表达式 2（多为条件），条件满足，则执行第（3）步；否则转到第（5）步；

（3） 执行循环体，执行表达式 3（多为增量表达式）；

（4）转到第（2）步；

（5）结束 for 语句，执行下一语句。

for 执行过程的传统流程图表示如图 5-3 所示。

3．for 语句规则

（1）for 语句先判断条件而后执行循环体，属当型循环，即有可能循环体一次也不被执行。比如下边 for 语句中的条件一开始就不成立，所以循环体语句“$s=s+x;$”一次也不会执行：

$$\text{for}\ (\ x = 10;\ x < 0;\ x{+}{+}\ )$$
$$s = s + x;$$

（2）for 语句循环控制变量有初值、有终值，所以特别适宜有确定循环次数的编程情况。如例 5-1 数据项从 1 变到 100，循环 100 次。

（3）for 中三个表达式之间必须且只能用两个分号隔开。一般情况下，三个表达式的功能分配是：表达式 1 用于赋初值；表达式 2 用于控制循环条件；表达式 3 用于改变循环条件。

【例 5-2】计算 10 的阶乘：10!=1×2×3×⋯×10。程序流程图如图 5-4 所示。

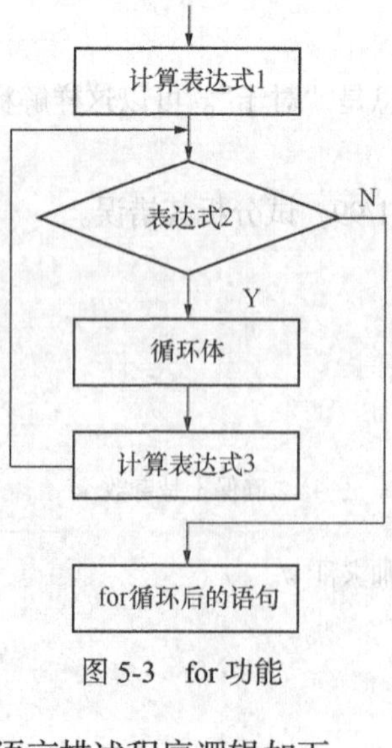

图 5-3　for 功能

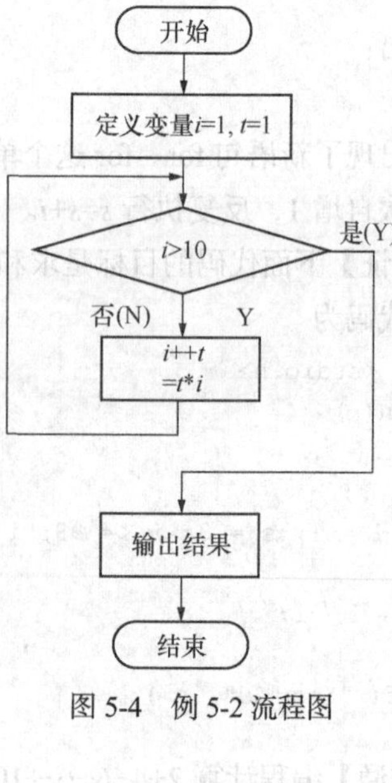

图 5-4　例 5-2 流程图

用自然语言描述程序逻辑如下：

① 设置环境；

② 定义变量 i、t，并令 i=1，t=1；

③ 如果 i 未超过 10，则转④，否则转⑦；

④ t=t*i；

⑤ i 增加 1：即 i=i+1；

⑥ 转③；

⑦ 输出结果 t，结束。

参考源代码 1：常规写法

```
/* 例 5-2，5-2_1.c */
#include <stdio.h>
void main( )
{
   int i;
   long t;   /* 结果超出 int 型数据范围，故用长整型 long */
   for ( i = 1, t = 1; i <= 10; i++ )
   {
      t = t * i;
   }
   printf( "\nt = %ld", t );
}
```

运行输出：

```
t = 3628800
```

for 语句书写形式十分灵活，它的 3 个表达式可适当省略，甚至全部省略。但相应功能必须由其他语句实现，为此请看本例的另外一种写法，在那里 for 的 3 个表达式都省略了，这是一个特殊写法。注意，即使 for 语句的 3 个表达式都省略，两个分号也不能省略。

参考源代码 2：

```
/* 例 5-2，5-2_2.c */
#include <stdio.h>
void main( )
{
   int i = 0;
   long t = 1;
   for ( ; ; )
   {
      i++;
      t = t * i;
      if ( i >= 10 ) break;
   }
   printf( "\nt = %ld", t );
}
```

提示

for 语句省略各表达式时的情况：

- 省略表达式 1 时，相应功能的语句要放在 for 语句之前；
- 省略表达式 2 时，应该在循环体内加 if/break 判断来避免死循环；
- 省略表达式 3 时,须在循环体内加语句改变循环控制变量的值，避免死循环。

【思考验证】分析参考源代码2，写出当分别省略 for 语句的3个表达式时，相应的程序源代码。

（4）在循环体内可用 break 语句终止本层循环，continue 语句提前结束本次循环。比如：

```
#include <stdio.h>
void main( )
{
   int a, b;
   for (b = 1, a = 1; b <= 50; b++ )
   {
      if ( a >= 10 ) break;
      if ( a % 2 == 1 )
      {
         a += 5;
         continue;
      }
      a -= 3;
   }
   printf( "\na=%d, b=%d", a, b );
}
```

表5-1给出了程序中变量 *a*、*b* 在每次循环时的变化。

表5-1　变量变化情况表

循环次数	*a* 的变化	*b* 的变化	说明
0	1	1	初值
1	6	2	*a*<10 且为奇数：*a*+=5
2	3	3	*a*<10 且为偶数：*a*-=3
3	8	4	*a*<10 且为奇数：*a*+=5
4	5	5	*a*<10 且为偶数：*a*-=3
5	10	6	*a*<10 且为奇数：*a*+=5
6			if(*a*>=10)满足，break 结束循环

运行输出：

```
a=10, b=6
```

通常结束循环有两种办法:自然结束及强制结束。前者指的是 for 语句条件不满足导致结束，后者指的是在循环体中用 break 强制结束。

写 for 循环结构程序的关键是找出事物的规律，确定循环控制变量的初值、终值和增量（步长）。

因为计数可分正向计数和逆向计数两种，所以下边两个 for 语句是等价的：

```
for ( i = 1; i <= 100; i++)
for ( i = 100; i >= 1; i--)
```

【融会贯通】分别计算1至10之间奇数之和，以及偶数之和，并列出变量表。

【例5-3】小学生智商测试。让电脑随机出10道100以内整数的加法题（10分/题），小学生从键盘回答答案，统计小学生最后得分。

【简要分析】循环程序关键是找准循环控制变量。本例条件很多，但只能以题目数量作循环控制变量。设题目数量用 *i* 表示，则 *i* 的取值从1到10。至于计算机随机产生100以内整数，用 *random*( )

可轻松解决。程序变量表见表 5-2。程序流程图如图 5-5 所示。

表 5-2　　　　　　　　　　　　　　例 5-3 的变量表

变量名	作用	类型	值
i	题目数，循环控制变量	int	从 1000 到 9999 之间
a,b	加数、被加数	int	random(90)+10
c	小学生回答的数	int	键盘输入
s	小学生成绩	int	*s*=*s*+10

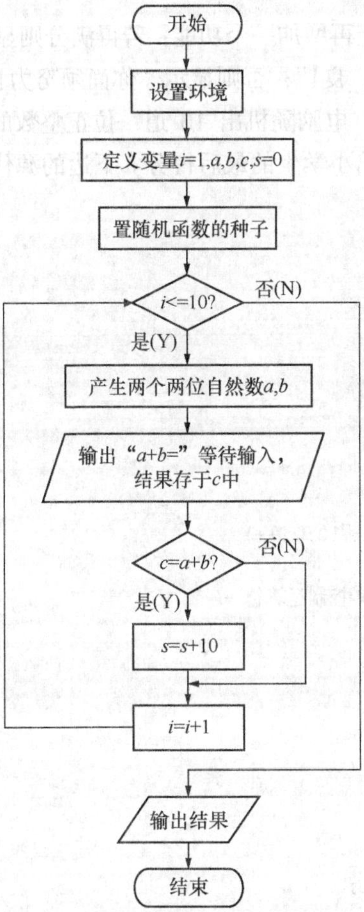

图 5-5　例 5-3 流程图

参考源代码为

```
/* 例 5-3, 5-3.c */
#include <time.h>
#include <stdio.h>
#include <stdlib.h>
void main( )
{
  int i,a,b,c,s;
  randomize( );
  printf("\n");
```

```
    for ( s = 0, i = 1; i <= 10; i++ )
    {
      a = random(90) + 10;
      b = random(90) + 10;
      printf( "%d + %d = ", a, b );
      scanf("%d", &c);
      if ( a + b == c )
        s = s + 10;
    }
    printf( "\n 最后得分: %d", s );
}
```

【思考验证 1】在本题基础上再增加一个功能：若得满分则显示“你的智力：优秀！”；若得分不低于 80 分则显示“你的智力：良！”；否则显示“你尚须努力！”。你能写出相应代码吗？

【思考验证 2】将本题改为：电脑随机出 10 道一位正整数的加、减法运算题（+、−），每题 10 分。小学生从键盘回答，输出小学生的最后得分。下边的源代码能完成这个功能吗？

参考源代码为

```
#include <stdlib.h>
#include <time.h>
#include <stdio.h>
void main( )
{
  int i, a, b, f, s;
  float x, c;
  char fh;
  randomize( );
  for ( s = 0, i = 1; i <= 10; i++)
  {
    f = random(2) + 1;  /* 控制运算符 */
    a = random(9) + 1;
    b = random(9) + 1;
    if ( f == 1 )
    {
      fh = '+';  c = a + b;
    }
    else
    {
      fh = '-';  c = a - b;
    }
    printf( "%d %c %d =", a, fh, b);
    scanf("%f",&x);
    if ( x == c )
      s = s + 10 ;
  }
    printf( "\n 最后得分: %d", s );
}
```

【融会贯通】某篮球队有 10 个队员，输入每个队员的年龄，求这支球队的平均年龄。

递推法简介：

递推法是利用问题本身具有的递推性质或递推公式求得问题的解的一种算法，该算法从初始条件出发，逐步推出所需的结果。但是有些问题很难归纳出一组简单的递推公式。

递推法根据推导方向不同，又分顺推和倒推两种。

【例 5-4】斐氏数列是公元 13 世纪数学家斐波拉契发明的，即：

1，2，3，5，8，13，21，34，55，89，…

它的规律是：数列前两项是 1 和 2，以后每项均为前相邻两项之和，用数学语言描述是：

$F(0) = 1$;

$F(1) = 2$;

$F(n) = F(n-1) + F(n-2)$　　　　（当 $n \geqslant 2$ 时）

请编程输出该数列前 N 项。

斐氏数列看似简单，但有“神秘数列”之称，它蕴藏着自然界、人类生活的很多奥秘，广泛应用于艺术设计、经济、军事等领域。

斐氏数列的特征：当前项大致是它后边一项的 0.618 倍，是它前边一项的 1.618 倍；当前项大致是它后边第二项的 0.382 倍，是它前边第二项的 2.618 倍……

这就是 15 世纪法兰西传教士路加 · 巴乔里因从中悟到的“黄金分割律”。

【简要分析】这是顺推。设两个变量 a、b 表示某项前两项（初值 0、1），那么从第三项开始每项（用 c 表示）均可由其前两项推出。程序关键是在不断产生新项 c 的同时，a、b 同步跟进，使之恒保持是 c 的前相邻两项。需要注意的是题目要求前 N 项，初值占了 2 项，尚有仅剩 $N-2$ 个新项（c）了。程序变量表如表 5-3 所示。

1，2，3，5，8，13，21，34，55，89，…

a　*b*　*c*　(n=1)

　　a　*b*　*c*　(n=2)

　　　　a　*b*　*c*　(n=3)

表 5-3　　　　　　　　　　　　例 5-4 的变量表

变量名	作用	类型	值
a,b	代表某项的前两个相邻项	long	从 a=0,b=1 变化
c	产生从第三项开始的各项	long	c=a+b
n	统计项数	int	1 到 18

用自然语言描述程序逻辑如下：

① 设置环境；

② 定义变量 n=1,a=1, b=2, c;

③ 输出初始的前两项 a,b（1，2）；

④ 还没有产生完剩余的 N−2 项吗？若是则转⑤，否则转⑦；

⑤ 产生 c=a+b，并输出新项 c；

⑥ 为产生下一项作准备：$a \leftarrow b$，$b \leftarrow c$，计数器加 1，转④；

⑦ 结束。

参考源代码为

```
/* 例 5-4, 5-4.c */
#include <stdio.h>
#include <conio.h>
void main( )
```

```
{
  int n;
  long a = 1, b = 2, c;
  clrscr( );
  printf( "%ld, %ld", a, b);
  for ( n = 1; n <= 18; n++ )
  {
    c = a + b;
    printf( ", %ld", c);
    a = b;
    b = c;
  }
  printf( "\n");
}
```

【思考验证】下边代码能完成同样功能吗？试比较与上边代码的优劣。

```
#include <stdio.h>
#include <conio.h>
#define N 18
void main( )
{
  long a = 0, b = 1, n;
  clrscr( );
  for ( n = 1; n <= N /2; n++ )
  {
    printf( "%ld\t%ld", a, b);
    a = a + b;
    b = a + b;
  }
}
```

【融会贯通】猴子吃桃。一株桃树上结了许多桃子，一只猴子爬上去，吃掉桃子个数的一半，觉得不过瘾，又多吃了1个；猴子第二天又爬上这株树，吃掉树上剩余桃子个数的一半，又多吃了1个，一直下去，到第10天上树一看，树上还剩1个桃子。问这株桃树上原来有多少个桃子？

提示

> 这也是递推问题，属递推中的倒推。从第10天树上只有1个桃子可以推出第9天树上有4个桃子，又可进一步推出第8天树上有10个…。所以，这是一个1、4、10、22…的序列，递推公式是：$x=2(x+1)$。

【例5-5】鸡兔同笼，总头数30个，总脚数90个，问鸡兔各多少只。

穷举法简介

又称穷举搜索法、枚举法，其思路是按某种顺序对所有的可能解逐个进行验证，从中找出符合条件的解集作为问题的最终解。此算法在计算机编程中用得非常普遍，常用多重循环实现，将各个变量的取值进行各种组合，对每种组合都测试是否满足给定的条件，若是则找到了问题的一个解。这种算法简单易行，但只能用于解决变量个数有限的场合。

【简要分析】显然，笼中不可能全是鸡或全是兔。设x表示鸡数，y表示兔数，则x应在[1,29]区间变化。因为笼中鸡兔共30只，所以利用穷举法对笼中可能的鸡、兔只数30种情况分别检验，即当 1 只鸡、29 只兔时，总脚数等于 90 吗？

当 2 只鸡、28 只兔时，总脚数等于 90 吗？

当 3 只鸡、27 只兔时，总脚数等于 90 吗？

……

当 29 只鸡、1 只兔时，总脚数等于 90 吗？

用自然语言描述程序逻辑如下：

① 设置环境；

② 定义变量 x，y，分别代表鸡和兔的只数，设 x 初值为 1；

③ 当 $x \leqslant 30$ 时，转④ ，否则转⑦；

④ 计算兔子只数：$y=30-x$；

⑤ 如果总脚数有 90 个，则输出对应的鸡、兔数 x 和 y；

⑥ x 自增 1，转③；

⑦ 结束。

参考源代码为

```
/* 例 5-5, 5-5.c */
#include <stdio.h>
void main( )
{
   int x, y;
   for ( x = 1;  x < 30;  x++ )
   {
      y = 30 - x;
      if ( 2 * x + 4 * y == 90)
      {
         printf( "\n 鸡有%d 只, 兔有%d 只", x, y );
      }
   }
}
```

执行输出：

```
鸡有 15 只，兔有 15 只。
```

【思考验证】下面程序不能完成例 5-5 的功能，请问错在哪？

```
#include <stdio.h>
void main( )
{
   int x, y;
   for ( x = 1; x <= 90; x++ )
   {
      y = 90 - x;
      if ( x / 2 + y / 4 == 30 )
      {
         printf( "\n 鸡有%d 只, 兔有%d 只", x / 2, y / 4 );
      }
   }
}
```

【融会贯通】有四个小孩，刚好一个比一个大 1 岁，把他们年龄乘起来等于 11880。问四小孩年龄各几岁？

【例 5-6】键盘输入一个任意整数，判断它是否是素数。所谓素数即除了 1 和自身外，再也没有约数的数（1 不是素数），如 13、17 等。程序流程图如图 5-6 所示。

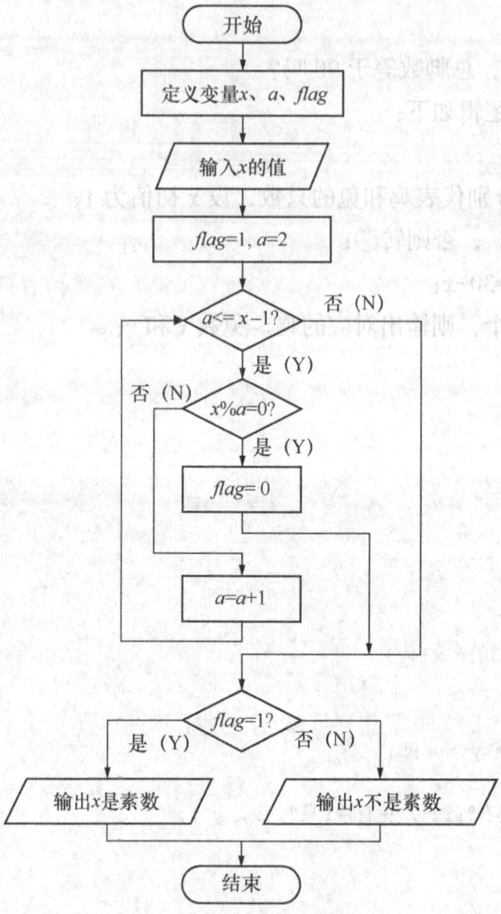

图 5-6　例 5-6 流程图

标志法简介

用一个标志变量表示事物的状态。先假设事物为某个初态，然后对事物状态进行测试，当事物状态与初态不符时，则改变标志变量的值。最后通过判断标志变量的取值而确定出事物的真实状态。

当事物仅为几种状态时，该算法特别适用。

用自然语言描述程序逻辑如下：

① 设置环境；

② 定义变量 x、a、$flag$，其中 x 接收用户输入的任意一个正整数；

③ 输入 x，并假设它是素数，即设标志变量 $flag$=1；

④ a=2；

⑤ $a \leqslant x-1$ 吗？若是则转⑥，否则转⑧；

⑥ x 是 a 的倍数吗？若是则改变标志变量的值，即令 $flag$=0，转⑧；

⑦ a 自增 1，转⑤；

⑧ 若标志 *flag*=1，则 *x* 是素数，否则 *x* 不是素数。

参考源代码为

```
/* 例 5-6, 5-6.c */
#include <stdio.h>
void main( )
{
   int x, a, flag;
   printf( "\n 请输入一个正整数: ");
   scanf("%d", &x);
   flag = 1;
   for ( a =2; a <= x - 1; a++ )
   {
      if ( x % a == 0 )
      {
         flag = 0; break;
      }
   }
   if ( flag == 1 )
   {
      printf( "%d 是素数。", x );
   }
   else
   {
      printf( "%d 不是素数。", x );
   }
}
```

【简要分析】正确理解 *flag* 变量的作用是读懂程序之关键。程序中输出素数 *x* 的前提是 *flag* 非零。换句话说，只要 *x* 不是素数，则 *flag* 必须为 0。当我们判断一个数 *x* 是否是素数时，只要发现某一次 *x* 能够被其他数除尽，则 *x* 一定不是素数。比如当 *x*=51 时，因 51 能被 3 整除，所以 51 不是素数，完全没有必要再用 51 去除 4、5、6 等数。

【思考验证】为了缩小循环次数，验证程序中的 for 语句可改为如下两种不同的形式：

```
for ( a = 2; a <= x / 2; a++ )
for ( a = 2; a <= sqrt(x); a++ )
```

【融会贯通】输入一任意整数，判断它是否是完全平方数。完全平方数如 49、144 等。

【例 5-7】求不规则区域面积。求在[0,π]内正弦曲线 *y*=sin*x* 与 *x* 轴围成区域的面积。

【简要分析】这实际是求积分的问题，采用“积少成多”的方法解决。

$y=\int_a^b f(x)\mathrm{d}x$，其中 *a*=0，*b*=π，*f*(*x*)=sin(*x*)。把[0,π]内正弦曲线 *y*=sin*x* 与 *x* 轴围成区域划分为 *N* 个等高的梯形，求出每个梯形的面积，再把它们累加起来即为总面积。面积累加法示意图如图 5-7 所示。程序变量表如表 5-4 所示。

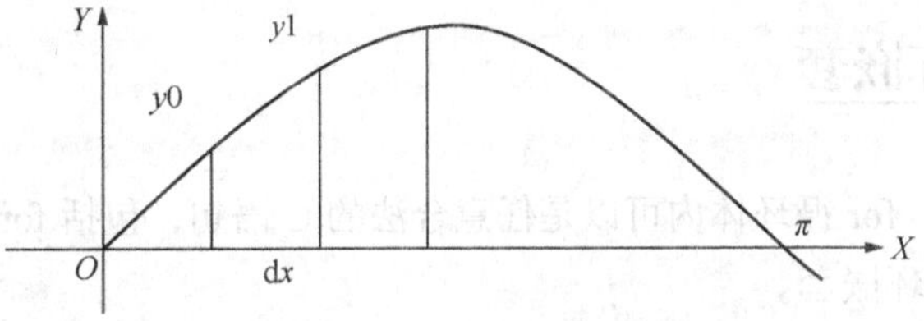

图 5-7　求不规则区域面积

表 5-4　　例 5-7 的变量表

变量名	作用	类型	值
a,b	*x* 轴上区间的起点和终点	float	由题目确定
d*x*	每个小梯形的高	float	(*b*−*a*)/*N*
s	不规则区域总面积	float	由 0 累加
i	统计梯形的个数	int	从 1 到 *N*
x	*x* 轴上的取值	float	*x*=*x*+d*x*

用自然语言描述程序逻辑如下：

① 设置环境；

② 定义变量；

③ 计算梯形的高：d*x*=(*b*−*a*)/*N*;

④ *N* 个小梯形的面积计算完了吗？如果没有则转⑤，否则转⑦；

⑤ 计算小梯形的面积，并累加到变量 *s* 中；

⑥ 转④；

⑦ 输出总面积 *s*，结束。

参考源代码为

```
/* 例 5-7, 5-7.c */
#include <math.h>
#include <stdio.h>
#define N 100     /* 假设将区域划分为 N 个梯形 */
void main( )
{
  int i;
  float dx, a = 0, b = 3.14159, x = 0, s = 0;
  dx = ( b - a ) / N;
  for ( i = 1; i <= N; i++ )
  {
    s = s + ( sin(x) + sin(x + dx) ) * dx / 2;
    x += dx;
  }
  printf( "s=%f", s );
}
```

运行输出：

```
s=1.999834
```

【融会贯通】求椭圆的面积。设椭圆方程为：$x^2 \div a^2+y^2 \div b^2=1$，其中 *a*、*b* 由键盘输入，试写程序。

5.2.3　for 循环嵌套

根据 for 循环语法，for 循环体内可以是任意合法的 C 语句，包括 for 语句本身。我们把循环体内又包含循环，称循环嵌套。

for 循环嵌套如图 5-8 所示。其中，图（a）是二重循环，图（b）是三重循环，图（c）是二重循环（循环体内两个循环只能算并列的循环结构）。从实用角度出发，要求熟练掌握二重循环结构，了解三重循环结构。

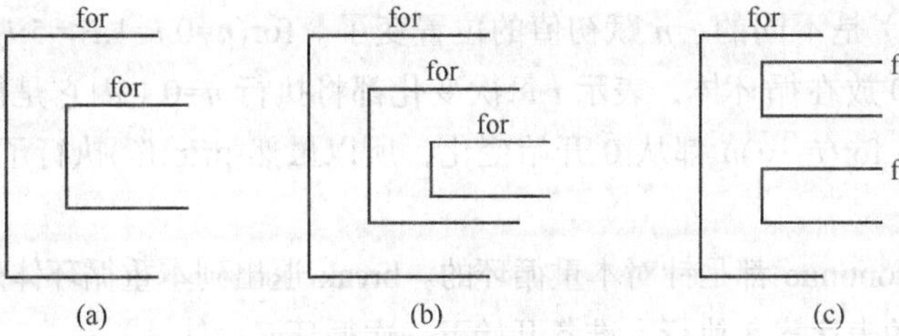

图 5-8　for 循环结构嵌套示意图

其实，for 循环规则是不变的，无论嵌套多少层，各层遵守各层的规则：内循环相当于外循环的一个语句。内循环可以是任何语句，包括循环语句本身。比如程序段：

```
for ( n = 0, i = 1; i <= 5; i++ )
  for ( j = 1; j <= 10; j++ )
     n++;
printf( "n=%d", n );
```

很显然，这是图 5-8 中（a）的嵌套格式，注意输出语句 printf( )不属于任何一个循环，它只能被执行 1 次。外循环 *i* 从 1 变到 5，其循环体共执行 5 次。外循环 for(*i*=…)的循环体又是一个 for(*j*=…)循环，而对 for(*j*=…)循环来说，*j* 从 1 变到 10 共执行 10 次它自己的循环体(*n*++)。这样每当 *i* 变化 1 次，*j* 就要变化 10 次，故"*n*++;"语句一共执行了 50（5 × 10）次。这可从 *n* 的值等于 50 得到验证。

循环的多重嵌套格式，初学者经常写错。请观察图 5-9 这些程序段与上面程序段的区别：

```
for(n = 0, i = 1; i <= 5; i++ )
  for( j = 1; j<=10; j++ )
  n++; printf( "   \nn=", n );
```

(a)

```
for(  n = 0, i= 1; i <= 5; i++ )
  for( j = 1; j <=10; j++ )
{  n++; printf( "   \nn=", n );  }
```

(b)

```
for( n = 0, i = 1; i <= 5; i++ )
 { for( j = 1; j <= 10; j++ )
      n++;
      printf( "  \nn=", n );
 }
```

(c)

```
for(i = 1; i<= 5; i++ )
{ n = 0;
  for ( j = 1; j <= 10; j++ )
     n++;
     printf( "  \nn=", n );
}
```

(d)

图 5-9　几种容易混淆的写法

图（a）与原程序段完全等价。若由于把输出语句 printf( )与 *n*++写在一行上，便误认为它是内循环的循环体，那就上当了！其实，printf( )语句只能执行 1 次，输出 $n = 50$。C 语言一行本身可写多个语句，但这并不表示这些语句是一个整体，只有花括号{ }内的语句才是一个整体。另外不能把 for 及其循环体、if 及配对的 else 分开看，它们是一个语句。

图（b）与源程序段不等价，输出语句 printf( )明显地作为了内循环的循环体，它与 *n*++一样将被执行 50 次，最后 1 次输出的 *n* 的值等于 50。

图（c）把输出语句 printf( )作为了外循环的循环体，它只能被执行 5 次，即内循环每次执行结束后才有机会执行 printf( )语句。最后输出 $n = 50$。

图（d）与图（c）是不同的，*n* 赋初值的位置变了。for(*n*=0,*i*=1;*i*<=5;*i*++)中 *n*=0 只执行 1 次，而图（d）将 *n*=0 放在循环体，表示 *i* 每次变化都将执行 *n*=0（因它是循环体内的语句！），致使每次执行内循环 for(*j*=…)*n* 都从 0 开始变化，所以虽然 printf( )执行了 5 次，但每次输出均为 *n*=10。

另外，break 或 continue 都是针对本重循环的。break 退出到本重循环体外，continue 无条件地返回本重循环 for 的表达式 3 执行，准备开始下一次循环。

那么，这就有个问题：怎样才能从多重循环结构的里层迅速转出呢？通常的方法是使用 goto 转，或用 if 结合 exit( )函数强制结束程序执行。

【例 5-8】分析下边程序的输出结果。

参考源代码为

```
/* 例 5-8, 5-8.c */
#include <stdio.h>
void main( )
{
   int a, b, i, j;
   for ( i = 1, b = 0; i < 10; i++ )
   {
     a = 0;
     for ( j = i; j < 10; j++, j++ )
     {
       i = i + j; a = a + 1; b = i + j;
     }
   }
   printf( "i=%d, j=%d, a=%d, b=%d", i, j, a, b);
}
```

【简要分析】这类程序的分析宜用变量表法和技巧法。*i* 和 *j* 是循环控制变量，循环控制变量在循环结束的值超过循环终值，而 *j* 只能取奇数，单凭此即可断定 *j* 的输出值为 11。再看 *a* 的值，无论外循环执行多少次，在执行内循环 for 语句之前 *a* 值无条件回 0，即 *a* 值只受最后一次执行内循环 *for* 的影响。外循环控制变量 *i* 的值受两个语句影响：其一是外循环 for 自身的 *i*++，其二是内循环 *i*=*i*+*j* 累加语句。变量表见表 5-5。

表 5-5　　例 5-8 的变量表

i	*j*	*a*	*b*
1（外循环 for 中 *i*=1）		0	0
2（内循环 *i*=*i*+*j*）	1(内循环 for 中 *j*=*i*)	1	2
5（内循环 *i*=*i*+*j*）	3(执行 *j*++,*j*++)	2	8
10（内循环 *i*=*i*+*j*）	5(执行 *j*++,*j*++)	3	15
17（内循环 *i*=*i*+*j*）	7(执行 *j*++,*j*++)	4	24
26（内循环 *i*=*i*+*j*）	9(执行 *j*++,*j*++)	5	35
27（外循环 for 中 *i*++）	11（内循环结束）		

运行输出：

```
i=27,j=11,a=5,b=35
```

【例 5-9】在屏幕中间输出由*号组成的三角形，共 *n* 行，*n* 由键盘输入。

```
     *
    ***
   *****        共n行
  *******
   ……
```

用自然语言描述程序逻辑如下：

① 设置环境；

② 定义变量 *n* 表示总行数，*i* 作计数器；

③ 输入 *n*，并令 *i*=1；

④ 如果 *i*≤*n*，转⑤，否则转⑧；

⑤ 在一行显示：41-*i* 个空格和 2*i*-1 个"*"；

⑥ 换行；

⑦ *i* 自增 1，并转④；

⑧ 结束。

参考源代码为

```
/* 例 5-9, 5-9.c */
#include <stdio.h>
void main( )
{
   int i, j, n;       /* i、j 代表什么意义？ */
   printf( "请输入 n: " );
   scanf("%d", &n);
   for ( i = 1; i <= n; i++ )
   {
      for ( j = 1; j < 41 - i; j++ )
      {
         printf( " ");
      }
      for ( j = 1; j <= 2 * i - 1; j++ )
      {
         printf( "*");
      }
      printf( "\n" );
   }
}
```

【思考验证】本程序是有缺陷的，例如当 *n* 取 50 时便不能输出三角形图案。请确定出 *n* 的取值范围，然后在程序中增加一个功能：控制 *n* 只取该范围的整数，一旦超出范围，则退出系统。

【融会贯通】在屏幕中间输出一个 *n* 行、由"*"号组成的倒三角形图案。

【例 5-10】下面两个程序功能都是计算如下表达式的值，试比较其优劣。

$$s=(1)+(1+2)+(1+2+3)+(1+2+3+4)+\cdots+(1+2+3+4+\cdots+100)$$

用自然语言描述程序逻辑如下：

① 设置环境；

② 定义变量 *i*、*j*、*s*，以及用于放置结果的变量 *sum*，并令 *sum* 取初值为 0；

③ *i*=1；

④ 如果 *i*≤100，则转⑤，否则转⑧；

⑤ 令 *s*=0，求前 *i* 个自然数之和，并放于变量 *s* 之中；

⑥ *sum*=*sum*+*s*；

⑦ *i* 增加 1，转④；

⑧ 输出和 *sum*，结束。

参考源代码为

```
/* 例 5-10，5-10.c */
#include <stdio.h>
void main( )
{
   int i, j, s;
   long sum = 0;
   for ( i = 1; i <= 100; i++ )
   {
      s = 0;
      for ( j = 1; j <= i; j++ )
      {
         s = s + j;
      }
      sum = sum + s;
   }
  printf( "\nsum=%ld", sum );
}
```

运行输出：

```
sum=171700
```

【融会贯通】自然对数的底 e 是一个常数（2.7128），可由下式计算得出。试计算 e，要求精度达到 10^{-6}。

```
e=1+1/1!+1/2!+1/3!+…+1/n!
```

课堂练习 2

分析下面各题的题意，描述算法，然后编制程序。

1. 甲、乙、丙三人同时开始放鞭炮，各放 21 炮。甲每隔 5 秒放一响，乙每隔 6 秒放一响，丙每隔 7 秒放一响。问您能听到多少响？

2. 有一本书被人撕了一张，已知剩余页码之和为 140。问该书共有多少页？被撕的一张的两个页码是多少？

3.《天方夜谭》中有这样一个故事：有一群鸽子飞过一棵高高的树，一部分落在树上，其余的落在树下。一只落在树上的鸽子观察了一会儿，对树下的鸽子说："倘若你们飞上来一只，你们的数目就是鸽群的 1/3；倘若我们中飞下去一只，我们和你们的数目恰好相等。"聪明的读者，您能写程序算出树上、树下各有多少只鸽子吗？

5.3 while 循环

计算 1 + 2 + 3 + …+100，请先阅读程序参考源代码：

```
main()
{
  int i,s=0;
  i=1;
  while(i<=100)
    {
      s = s + i;
      i++;          /* 改变条件 */
    }
  printf("\ns=%d", s);
}
```

While 的意思是"当……时候"，C 语言正是用它构成循环，即当条件成立时，执行循环体。

可见，用 while 语句构成循环，相当于 for 语句省略表达式 1 和表达式 3 的情况。

while 语句是另一种广泛使用的循环结构语句，是典型的"当型"循环，它可以代替 for 循环结构，并且使程序简洁清晰。

while 循环语句的格式如下：

```
while ( 条件 )
{
   循环体语句组;
}
```

while 语句的功能是当条件满足时执行循环体，否则结束 while 循环，接着执行循环体以外的语句，如图 5-10 所示。

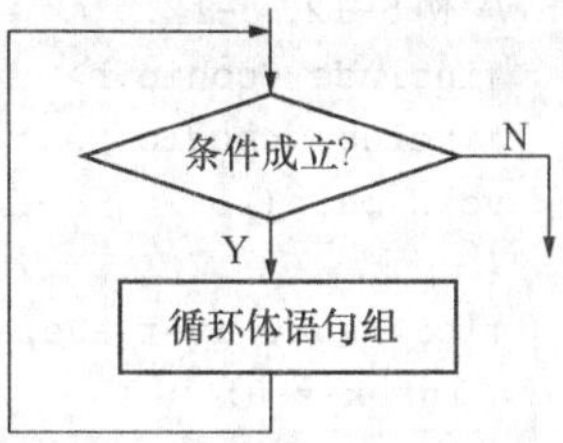

图 5-10　while 功能

使用 while 语句要注意如下几点：

- while 与 for 一样先判断条件后执行循环体，while 适用于循环次数不确定的情况；
- 为避免死循环，在循环体内必须要改变循环结束条件，break 和 continue 仍然适用 while 循环；
- while()括号后没有分号；
- 由于当型循环先判条件后执行循环体，所以有情况循环体一次也不被执行，那就是循环初始条件便不成立时；
- while 循环与 for 循环一样可以嵌套，即循环体内又可以包含任何循环结构；
- 为避免死循环，循环体内必须有改变循环结束的条件，或用 if/goto 语句判断后转出。

【例 5-11】分析下面程序的输出结果。

参考源代码为

```
/* 例 5-11, 5-11.c */
#include <stdio.h>
void main( )
{
```

```
    int j = 5;
    while ( j <= 15 )
    {
        if ( ++j % 2 != 1 )  continue;
        else printf( "\t%d", j);
    }
    printf( "\n" );
}
```

【简要分析】循环体只有一个 if 语句，并由++*j* 改变循环控制变量 *j* 的值。程序可解释为：当自增后的 *j* 是奇数则打印输出之。

运行输出：

```
79    11    13    15
```

【思考验证】本例去掉“else”，循环体是哪些语句？此时会输出什么结果？

【例 5-12】键盘输入某排战士的年龄，直至输入的某个年龄等于 0 为止，最后输出该排战士的平均年龄。

【分析】 本例循环次数不确定，不宜用 for 循环，而 while 循环结构正好适合处理这种情况，其循环结束条件是“输入的年龄等于 0”。程序中涉及的变量见表 5-6。

表 5-6 **例 5-12 的变量表**

变量名	作用	类型	值
age	代表每次输入的年龄	int	键盘输入
sum	存放年龄的累加和	int	*sum*=*sum*+*age*
k	统计战士个数	int	*k*=*k*+1
aver_age	平均年龄	float	*aver_age*= *aver_age*/*k*

参考源代码为

```
/* 例 5-12, 5-12.c */
#include <conio.h>
#include <stdio.h>
void main()
{
float age, aver_age, sum;
  int k = 0;
  clrscr();
  printf("Please input a age: " );
scanf("%f", &age);
  sum = age;
  while( age < 1e-6 )
  {
   k++;
   sum = sum + age;
   printf( "Please input a age: ");
   scanf( "%f", &age );
  }
  aver_age = sum / k;
  printf( "\naverage = %.2f", aver_age );
}
```

【融会贯通】键盘输入若干种产品的单价，求平均单价，当输入的单价为 0 或负数时表示输入结束。

课堂练习 3

1. 求 1＋2＋3＋…＋n≤10000 的最大整数 n。
2. 输入一系列字符（以“#”号结束），统计输入了多少个元音字母。

5.4　do-while 循环

这是一种与 while 循环相差不大的循环语句。因为它把判断循环条件的位置放在了循环体后，所以又称为直到型循环。这种循环语句的格式是：

```
do
{
   循环体语句组;
} while ( 条件 );
```

do-while 语句执行过程如图 5-11 所示，即反复执行循环体，直到条件不成立为止。或者说当条件满足时执行循环体，否则结束 do-while 循环。

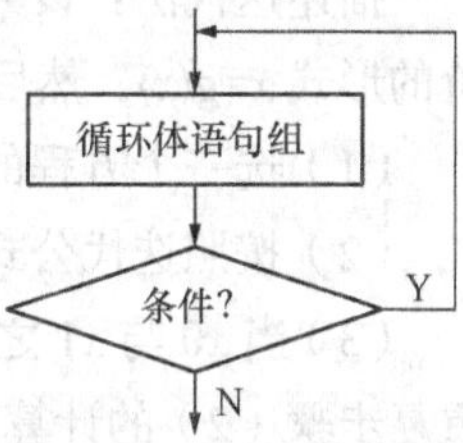

图 5-11　do-while 功能

在使用 do-while 循环语句时，须注意如下几点：

- do-while 先执行循环体而后判断条件，属于直到型循环，即循环体至少要被执行 1 次，这是与上节 while 语句的典型区别；
- do-while 语句书写时，注意 do 后无分号，while 后有分号；
- 与 while 一样，为了避免死循环，循环体内必须有改变循环结束条件的语句；
- 在循环体内可用 break 语句终止本层循环，continue 语句继续本次循环；
- do-while 循环与 for 循环一样可以嵌套，即循环体内又可以包含任何循环结构。

【例 5-13】分析下边程序输出结果及循环体执行次数。

```
/* 例 5-13, 5-13.c */
#include <stdio.h>
void main( )
{
int a = 10, b = 0;
  do
    {
b+= 2; a-= b + 2;
    } while( a >= 0 );
  printf( "\na=%d", a );
}
```

程序变量变化表见表 5-7，程序循环体一共执行 3 次。

表 5-7　　　　例 5-13 执行过程

循环次数	b	a	while 条件
初值	0	10	
第 1 次	2	6	成立
第 2 次	4	0	成立
第 3 次	6	−8	不成立

运行输出：

```
a=-8
```

【例 5-14】迭代法求某正数 a 的平方根。已知求平方根的迭代公式为：

$x1 = 1/2\ (x_0 + a/x0)$。

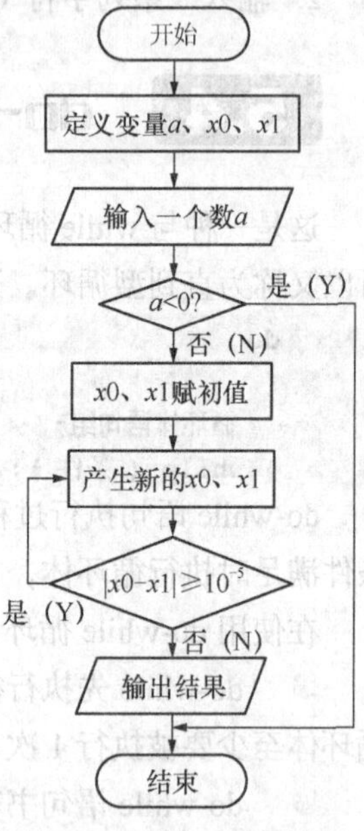

图 5-12　例 5-14 流程图

迭代法简介

迭代法是用来解决数值计算问题中的非线性方程（组）求解或最优解的一种算法，以求方程（组）的近似根。

迭代法的基本思想是：从某个点出发，通过某种方式求出下一个点，此点应该离要求解的点（方程的解）更近一步，当两者之差接近到可以接受的精度范围时，就认为找到了问题的解。简单迭代法每次只能求出方程的一个解，它需要人工先给出近似初值。

描述迭代法：设方程为 $f(x)=0$，先采用某种数学方法导出其等价的形式 $x=g(x)$，然后按以下步骤执行：

（1）选一个方程的近似根，赋给变量 $x0$；

（2）按照迭代公式求出 $x1$：$x1=g(x0)$；

（3）当 $x0$ 与 $x1$ 之差的绝对值尚未达到指定精度（Epsilon）时，重复步骤（2）的计算，否则认为 $x1$ 为原方程的近似根。

若方程有根，并且用上述方法计算出来的近似根序列收敛，则按上述方法求得的 $x0$ 就被认为是方程的根。上述算法用 C 程序的形式表示为

```
{ x0=初始近似根;
  do {
       x1=x0;
       x0=g(x1); /*按特定的方程计算新的近似根*/
     } while (fabs(x0-x1)>Epsilon);
  printf( "方程的近似根是: %f", x0 );
}
```

用自然语言描述的程序逻辑如下：

① 设置环境；

② 定义变量 a、$x0$、$x1$；

③ 输入一个数 a；

④ 如果 a 不是正数，结束；

⑤ $x0$、$x1$ 赋初值：$x0=a/2$，$x1= (x0 + a/x0)/2$；

⑥ 产生新的 $x0$、$x1$：$x0=x1$，$x1= (x0 + a/x0)/2$；

⑦ 判断精度：如果$|x0-x1| \geq 10^{-5}$，转⑥，否则转⑧；

⑧ 输出 *x*1，结束。

参考源代码为

```
/* 例 5-14, 5-14.c */
#include <math.h>
#include <stdio.h>
void main ( )
{
   float a, x0, x1;
   printf( "请输入正数 a: " );
   scanf("%f", &a);
   if ( a < 0 )
   {
      printf( "数据输入不是正数，退出 !" );
      getch( );
      exit(1);
   }
   x0 = a / 2;
   x1 = ( x0 + a / x0 ) / 2;
   do
   {  x0 = x1;
      x1 = ( x0 + a / x0 ) / 2;
   } while ( fabs( x0 - x1 ) > 1e-5 ) ;
   printf( "\nsqrt(%f)=%f", a, x1 );
}
```

运行输出：(当输入数据 3 时)

sqrt(3.000000)=1.732051

【融会贯通】求方程：$x-\cos x=0$ 在 $x=0.1$ 附近的根。

【例 5-15】猜数游戏。计算机随机产生一个两位自然数，学员从键盘猜，看学员几次能猜中。

为了容易猜一点，根据学员每次从键盘输入的数的大小，我们让计算机提醒一下是“猜大了”还是“猜小了”。变量表见表 5-8。

表 5-8　　例 5-15 的变量表

变量名	作用	类型	值
data	电脑随机产生的数[10,99]	int	自动产生
n	用户猜数的次数，计数器	int	*i*++
x	用户每次猜的数	int	键盘输入

用自然语言描述的程序逻辑为：

① 设置环境；

② 定义变量 *data*、*x*、*n*=0；

③ 置随机函数的种子；

④ 计算机产生任意一个两位数，并赋给 *data*；

⑤ 用户猜数，并将所猜的数赋给 *x*；

⑥ 如果 *x*>*data*，提示“猜大了！”，否则如果 *x*<*data*，提示“猜小了！”；

⑦ 如果 $x \neq data$，则计数器加 1 后转⑤；

⑧ 输出用户多少次猜中，结束。

参考源代码为

```
/* 例 5-16, 5-16.c */
#include <time.h>
#include <stdio.h>
#include <stdlib.h>
#include <conio.h>
void main( )
{
  int data, x, n = 0;
  randomize( );
  clrscr( );
  data = random(90) + 10;
  do
  {
    n++;
    printf( "第%d 次猜数：", n );
    scanf("%d", &x);
   if ( x > data )  printf( "猜大了!" );
   else if ( x < data ) printf( "猜小了!" );
  } while ( x != data );
  printf( "\n 您共猜了%d 次，终于猜中了!", n );
}
```

【思考验证】增加功能：若学员 5 次内猜中者“优秀”；5～10 次猜中者“良好”；10～15 次猜中者“合格”；15 次以上竟然还未猜中便不用再猜了，直接输出“再见,多努力!”结束。请在源代码的基础上完成。

【融会贯通】证明：任意一个正整数，若为奇数则乘 3 加 1，偶数则除以 2，按此操作，最终可达到 1。如：6→3→10→5→16→8→4→2→1。

课堂练习 4

输出数列：2/1，3/2，5/3，8/5，13/8，…，直到分母刚超过 100 为止。

5.5 几种循环控制语句的嵌套

前面介绍了 3 种循环控制结构的语句：for、while、do-while，从理论上说，任何循环程序都可以用这 3 个语句去实现。这 3 个语句根据执行过程又可以分为两大类：for 语句适宜以循环次数作循环结束条件的情况，其他两个 while 语句更适用于没有固定循环次数的情况。

循环嵌套：这是循环结构的重点和难点。3 种循环语句可以互相嵌套（而不能交叉!!!），并且允许有多层，于是就构成了循环嵌套结构的各种形式。要求读者掌握两重循环嵌套，从而举一反三。如图 5-13 所示，是两重循环的部分嵌套形式。

编写循环程序的四招“功夫”：

- 将实际模型转化为数学模型；
- 确定算法；
- 选择恰当的循环控制语句（因循环控制条件而异）；
- 上机调试，并分析结果的合理性。

【例 5-16】 试用各种循环嵌套结构编程实现：键盘输入 *N* 个正整数，分别求其逆数。

【简要分析】 这显然是二重循环：用循环控制对 *N* 个数的处理，而对每一个数又需用一个循环去求逆数。故外、内循环分工为：外循环控制输入 *N* 个正整数，内循环依次取出某正整数的各位，按一定的方法组合成逆数。变量设置如表 5-9 所示。

```
① for(;;)          ② for(;;)          ③ while()
   {                  {                  {
   ⋮                  ⋮                  ⋮
     while()            for(;;)            while()
     {                  {                  {
     ⋮                  ⋮                  ⋮
     }                  }                  }
   ⋮                  ⋮                  ⋮
   }                  }                  }

④ for(;;)          ⑤ while()          ⑥ while()
   {                  {                  {
   ⋮                  ⋮                  ⋮
     do                 do                 for(;;)
     {                  {                  {
     ⋮                  ⋮                  ⋮
     }while();          }while();          }
   ⋮                  ⋮                  ⋮
   }                  }                  }
```

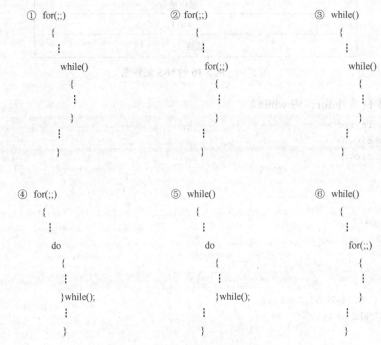

图 5-13　两重循环的部分嵌套形式

表 5-9　　例 5-16 的变量表

变量名	作用	类型	值
i	表示键盘输入数的个数	int	从 1 到 *N*
bit	每个正整数的位数	int	*bit*++
x	键盘输入的正整数	long	键盘输入

用 N-S 流程图描述的程序逻辑如图 5-14 所示。

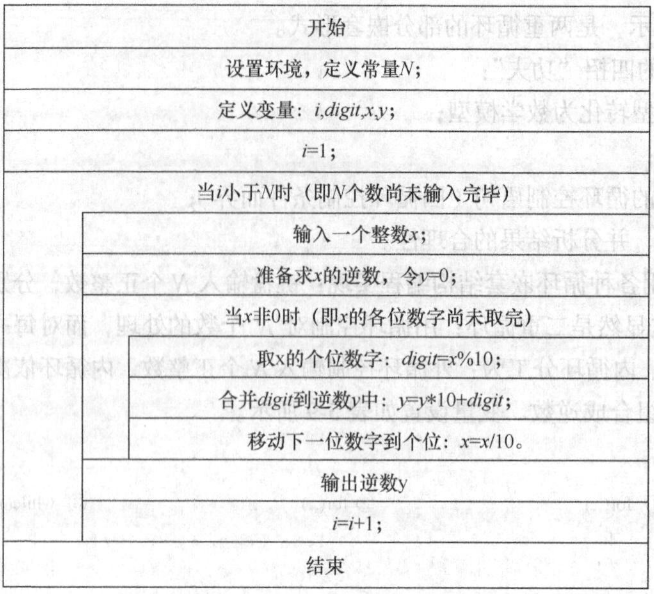

图 5-14　例 5-16 的 N-S 流程图

参考源代码 1：（外 for，内 while）

```
/* 例 5-16，5-16_1.c */
#include <stdio.h>
#include <conio.h>
#define N 5
void main( )
{
  int i, digit;
  long x, y;
  clrscr( );
  for ( i = 1; i <= N; i++ )
  {
    printf( "\n 整数%d:", i );
    scanf("%ld", &x);
    y = 0;
    while ( x != 0 )
    {
      digit = x % 10;      /* 取出低位数字 */
      y = y * 10 + digit; /* 合并数字 */
      x = x / 10;          /* 移动数字 */
    }
    printf( "逆数：%ld", y );
  }
}
```

参考源代码 2：（外 for，内 for）

```
/* 例 5-16，5-16_2.c */
#include <stdio.h>
#define N 5
void main( )
{
  int i, digit;
```

```
   long x, y;
   for ( i = 1; i <= N; i++ )
   {
      printf( "\n整数%d:", i );
      scanf("%ld", &x);
      for ( y = 0; x != 0; x /= 10 )
      {
         digit = x % 10;      /* 取出低位数字 */
         y = y * 10 + digit; /* 合并数字 */
      }
      printf( "逆数: %ld", y );
   }
}
```

参考源代码3：（外while，内for）

```
/* 例5-16, 5-16_3c */
#include <stdio.h>
#define N 5
void main( )
{
   int i, digit;
   long x, y;
   i = 1;
   while ( i <= N )
   {
      printf( "\n整数%d:", i );
      scanf("%ld", &x);
      for ( y = 0; x != 0; x /= 10 )
      {
         digit = x % 10;      /* 取出低位数字 */
         y = y * 10 + digit;   /* 合并数字 */
      }
      printf( "逆数: %ld", y );
      i++;
   }
}
```

参考源代码4：（外do-while，内do-while）

```
/* 例5-16, 5-16_4.c */
#include <stdio.h>
#define N 5
void main( )
{
   int i, digit;
   long x, y;
   i = 1;
   do
    {
      printf( "\n整数%d:", i );
      scanf("%ld", &x);
      y = 0;
      do
      {  digit = x % 10;      /* 取出低位数字 */
```

```
        y = y * 10 + digit;   /* 合并数字 */
        x = x / 10;          /* 移动数字 */
      } while ( x != 0 );
      printf( "逆数：%ld", y );
      i++;
    } while ( i <= N );
}
```

此处仅举四例供读者研究各种循环嵌套结构的区别（初值、条件），并请读者用尽量多的其他嵌套方式完成本例，以做到随心所欲编制循环嵌套程序！

【融会贯通】有红桃1（A）、2、3、4、5、6、7、8、9九张牌，甲、乙、丙三人各拿走了其中3张。甲说："我的三张牌和是63。"乙说："我的三张牌和是48。"丙说："我的三张牌和是15。"让计算机找找看：甲、乙、丙各拿的是什么牌？

课堂练习5

地理课上，老师让学生回答我国四大淡水湖的大小。张说："最大洞庭湖，最小洪泽湖，鄱阳湖第3。"王说："最大洪泽湖，最小洞庭湖，鄱阳湖第2，太湖第3。"李说："最小洪泽湖，洞庭湖第3。"赵说："最大鄱阳湖，最小太湖，洪泽湖第2，洞庭湖第3。"

教师想了一会儿，说："你们各位都只说对了一个湖。"

请让计算机确定出各湖的大小顺序。

习题

一、选择题

1. 对下面的for循环，循环体执行的次数是（　　）。

```
for ( i = 1; i <= 10;  i = i + 2 );
```

A. 6　　B. 5　　C. 4　　D. 7

2. 对下面的for循环，循环体的执行次数是（　　）。

```
for ( i = 5; i > 1;  i-- );
```

A. 6　　B. 5　　C. 4　　D. 7

3. 对下面的while循环，循环体执行的次数是（　　）。

```
a = 50;
while ( a-- );
```

A. 50　　B. 51　　C. 49　　D. 都不对

4. do-while语句的循环体（　　）。

A. 可能一次也不被执行　　B. 至少要被执行1次

C. 由循环条件决定执行次数　　D. B或C都对

5. 下面的循环执行完后，*a* 为（　　）。

```
for ( a = 1; a < 5; a++ )
 a = 2 * a;
```

A. 5　　B. 4　　C. 7　　D. 8

6. 下面的循环执行完后，*s* 为（　　）。

```
for ( a = 1; a < 5; a++ )
  for ( b = s = 0; b < a; b++, s = s + a );
```

A. 6　　B. 4　　C. 7　　D. 无答案

7. 下面的循环执行完后，循环体执行的次数为（　　）。

```
while ( k = 10 )
   k--;
```

A. 10　　B. 11　　C. 9　　D. 无穷次

8. 下面的循环执行完后，循环执行后 *s* 为（　　）。

```
   s = 0;
do
{ s = s + 1;
} while (--s );
```

A. 0　　B. 1　　C. -1　　D. 无答案

9. 下面的程序执行完后，*a*、*b* 的值是（　　）。

```
for ( a = 1; a <= 10; a++ )
  for ( b = 10; b >= 1; b-- )
     if ( a >= b ) exit(0);
```

A. 1，1　　B. 5，5　　C. 6，6　　D. 均不对

10. 下面的程序执行后，*s* 的值是（　　）。

```
for ( s = i = 1; i < 100; i++ ) s = s + 1 / i;
```

A. 0　　B. 2　　C. 1　　D. 难以确定

二、填空题

1. 下面的程序段执行后，输出________个星号。

```
int i = 100;
while ( 1 )
{
      i--;
      if ( i == 0 ) break;
      printf("*");
}
```

2. 下面的程序段，*s* 计算的数学表达式是________。

```
int i = 1;
float s = 0, f = 1;
while ( i <= 100 )
{
      s = s + f / i; f = - f;
}
```

3. 下面的程序段的功能是判断 *x* 是否为________。

```
int x, a, f = 1;
scanf("%d", &x);
```

```
for (a = 2; a <= x - 1; a++)
    if (x % a == 0) { f = 0; break; }
if ( f ) printf(" Yes");
else printf("No");
```

4. 下面的程序段输出结果是________。

```
int i, a = 0;
for ( i = 0; i < 10; i++ )
      a++, i++;
printf("%d", a);
```

5. 下面的程序段循环执行的次数是________。

```
int a = 0, j = 10;
for ( ; j > 3; j-- )
{
      a++;
      if ( a > 3) break ;
}
```

6. 下面的程序段运行后，*j* 的值是________。

```
int a = 0, j = 0;
while ( j <= 100 )
{
      a += j++; j++;
}
```

7. 下面的程序段执行后，*a* 的值是________。

```
int a = 0, j = 1;
do
{ a += j; j++;
} while ( j != 5 );
```

8. 下面的程序输出结果是________。

```
main( )
{
   int x;
      for ( x = 0; x < 4; x++ )
        if ( x%2 == 0 ) printf("%c", 65 + x); printf("%d", x);
}
```

9. 下面程序的输出结果是________，“*s*=*s*+*a*;”语句执行的次数是________。

```
main( )
{
     int x, y, a, s;
     for ( x = 0; x < 5; x++ )
      {
        a = x; s = 0;
        for ( y = 0; y < x; y++ )
           s = s + a;
      }
      printf("%d", y);
}
```

10. 下面程序的输出结果是________。

```
main( )
{
        int x = 1, y = 2, z = 3, t;
```

```
        do
        {  t = x; x = y; y = t; z--;
        } while ( x < y < z );
        printf("%d,%d,%d", x, y, z);
    }
```

三、实训题（描述算法，编写代码，上机调试）

1. 分别用三种方法求圆周率π。π/4=1−1/3+1/5−1/7+…，直到某项绝对值小于 1e−5 为止。

2. 求 *s*=*a*+*aa*+*aaa*+…前 *N* 项之和，其中 *a* 为 0～9 间的数字。*N* 由键盘输入，为 1～9 间的数字。

3. 按从大到小的顺序找出所有四位数中的完全平方数。

4. 输入若干个实数（当连续输入两个零时，则表示输入结束），分别计算它们的整数部分和小数部分之和。

5. 任意输入一个自然数 *M*，找出大于（或小于）*M* 的 *N* 个素数。

6. 证明：3 以上的自然数的前后都能至少找出一个素数，而且前后两个素数与该自然数的间隔相等。如：11、17、23，17 前后存在两个素数，与 17 相隔 6。

7. 选出 5000 以下符合条件的自然数。条件是：千位数字与百位数字之和等于十位数字与个位数字之和，且千位数字与百位数字之和等于个位数字与千位数字之差的 10 倍。计算并输出这些四位自然数的个数 *cnt*。

8. 求抛物线 $y=x^2+5$ 与直线 $x=1$、$x=-1$ 及 *x* 轴围成的封闭区域的面积。

9. 寻找并输出 11 至 999 之间的数 *m*，它满足 m、m^2 和 m^3 均为回文数。所谓回文数是指其各位数字左右对称的整数，例如 121，676，94249 等。满足上述条件的数如 *m*=11，*m*2=121，*m*3=1331 皆为回文数。

10. 输出如下图形。（共 *N* 行，设 *N*≤26）

```
   A
  ABA
 ABCBA
ABCDCBA
…………
```

11. 设 *A*、*B*、*C* 为 3 个非零的正整数，计算并输出下列不定方程组解的个数 *CNT* 以及满足此条件的所有 *A*、*B*、*C*。

$$A+B+C=13$$
$$A-C=5$$

12. 乘车兜风算年龄。故事是这样的：

"你在忙什么，比尔？"教授随意问比尔。

"准备带三个女孩乘车游览！"比尔答道。

"原来如此！敢问三位佳丽芳龄几许？"教授笑问。

比尔思考片刻说："她们年龄相乘得到 2450，她们年龄相加是您年龄的 1/2。"

教授略略沉思，对比尔说："我已知道她们的年龄。"

请写 C 程序找出三个女孩的年龄。

13. 在 1～100 以内找这样的数：它是某 3 个数的积，又恰是这 3 个数的和。比如 6 满足该条件，因它同时是 1、2、3 这 3 个数的积与和。

14. 一张百元人民币钞票兑换成元票，要求 50 元、20 元、10 元、5 元、2 元、1 元的单票至少有一张，问有多少种兑换方法？请输出兑换明细情况。

15. 口令程序。用户进入某系统，从键盘回答口令有 3 次机会。3 次中任何一次回答正确均可进入系统（显示“You are welcome!”），否则不能进入系统（显示“I am sorry!”）。试写 C 程序。

16. 键盘输入任意一个正整数，求其逆数。所谓“逆数”是指将原来的数颠倒顺序后形成的数。如输入 1986 时，输出 6891。

17. 破案显神威。某地发生一起特大盗窃案，与本案有关的犯罪嫌疑人有 A、B、C、D、E、F 六人。根据口供，有六条线索：

（1）A、B 中至少有一人作案；

（2）A、D 两人不可能是同案犯；

（3）A、E、F 中有两人参与作案；

（4）B、C 或同时作案，或与本案无关；

（5）C、D 中有且只有一人作案；

（6）若 D 没有作案，则 E 也不可能作案。

问：谁是真凶?

【提示】本例采用穷举法，让计算机用多重循环对六个犯罪嫌疑人全面排查。每一个人不外乎两种情况：要么作案要么没有作案。设作案用 1 表示，没有作案用 0 表示，则 A、B、C、D、E、F 这 6 个变量描述的 6 个线索为：

线索 1：A+B!=0；

线索 2：A+D!=2；

线索 3：A+E+F==2；

线索 4：B+C!=1；

线索 5：C+D==1；

线索 6：D+E!=0。

这 6 条线索必须同时满足，是“与”的关系。如果程序执行时只输出了一组值，那么就照单捕人（哪个变量值等 1 捕哪个人）。如果程序输出了几组值或没有输出值，说明线索有误或尚有漏掉的线索，这时只有重审六人，看谁说了谎话！

第6章 数组

在实际应用中，我们经常会遇到需要对大量数据进行处理的情况，例如，学生学籍、职工工资、储户存款等实际问题。这类问题的特点是数据量大，且处理的数据类型相同。为了实施对海量数据的处理，本章介绍 C 语言一种新的数据结构——数组。

【主要内容】

数值型一维数组及应用；字符型一维数组及应用；二维数组。

字符函数与字符串函数。

【学习重点】

数组元素的引用方法。

数组应用的几种典型算法：排序、查找及删除数组元素。

6.1 数组

先看一个生活实例。

【例 6-1】某班有学生 100 人，键盘输入每位学生的身高，问有多少学生高于该班平均身高？

【简要分析】通过前边的知识，很容易得出解决本实例的思路如下：

① 设置环境；

② 输入 100 位学生的身高，并求其和；

③ 计算平均身高 *aver_high*；

④ 将 100 位学生的原始身高逐一与 *aver_high* 比较，凡是大于 *aver_high* 者，则计数变量 *count* 增加 1；

⑤ 输出 *count* 的值，程序结束。

按照该思路，可写出如下源代码：

```
#define N 100
void main( )
{
   int i, high, count = 0;
   float sum=0, aver_high;
   for ( i = 0; i < N; i++ )
   {
      printf("\n 请输入第%d 位同学的身高: ", i + 1 );
      scanf("%d", &high);
      sum = sum + high;
   }
   aver_high = sum / N;
   for ( i = 0; i < N; i++ )
```

至此，出现问题了，程序已无法再写下去！因为学生们的原始身高已不复存在了！

循环体语句“scanf("%d", &high);”，无论循环多少次，却只是反复地用一个变量 *high*。一个变量怎么能保存 *N* 个原始值呢？它只能保存最近一次赋给的值。

我们能否定义 100 个变量表示 100 个原始身高，即

```
int high0, high1, high2, …, high99;
```

把 for 写成：

```
for ( i = 0; i < N; i++ )
{
  scanf("%d", &highi);
  …
```

想法很好，但这却达不到目的！因为 C 语言认为 *highi* 与 *high* 一样，仅是一个变量而已，它并不会随着 *i* 值的变化而组合出一个个孤立的变量名“*high*0”、“*high*1”…。实际操作中，很多情况都需要保存原始数据，以便随时对原始数据进行各种操作（如排序）。为此，C 语言提供一种新的变量类型——数组。

使用数组，程序可改写如下。

参考源代码为

```
/* 例 6-1, 6-1.c */
#define N 100
void main( )
{
   int i, high[N], count = 0;
   float sum=0, aver_high;
   for ( i = 0; i < N; i++ )
   {
      printf("\n 请输入第%d 位同学的身高: ", i + 1 );
      scanf("%d", &high[i]);
      sum = sum + high[i];
    }
    aver_high = sum / N;
    for ( i = 0; i < N; i++ )
    {
       if ( high[i] > aver_high )
         count++;
    }
    printf("\n 超过班平均身高有: %d 人! ", count );
}
```

语句：*int high*[*N*];

类型标识符 int 指定了数组中每个元素的类型，*N* 指定了数组中包含的元素个数。这 *N* 个数组元素是：

```
high[0], high[1], high[2], …, high[N-1]
```

这里，“*high*”称为数组名，方括号[]中的数字称为下标。需要注意的是，C 语言规定下标从零开始计数，其取值范围是从 0～N-1，作用是指明该元素在数组中的相对位置，以方便引用。如 *high*[49]代表第 50 位学生的身高。

其实，数组对我们并不陌生，数学中早就在应用了。如高次方程的根用 x_1、x_2、x_3…表示，用 a_1、a_2、a_3…表示数列各项。只不过 C 语言中把下标放在一对方括号内而已。

由此可见，声明一个数组，相当于声明了一批变量，并且这些变量是“有组织”的。正如一群战士，互不相干时，需要称呼姓名来指定其中某一位，而一旦他们以整齐排列的方式组织起来，就能用“第 7 位”或“第 3 行第 5 位”这样的称呼来指定其中某一位了。

所谓数组，是指有限个属性相同、类型也相同的数据的组合。属性相同是指各元素的物理含义一致，如均表示年龄，均表示体重。

需要注意的是，C 语言与有些语言不同，它不支持动态定义数组，即要求在声明数组时，数组元素的个数（又称数组长度）必须是确定的，只能是正整数或常量表达式。

6.2　数值型一维数组

6.2.1　一维数组的声明及元素的引用

1．声明一维数组

一维数组的声明格式是：

类型标识符　数组变量名[*N*];

例如，要存放 100 个战士的体重（要求保留 2 位小数），可声明如下：

```
float weight[100];
```

定义数据的实质是：在内存中预留一片连续的空间以存放数组的全部元素，**数组名**（如 *weight*）表示这片空间的起始地址，空间的大小由数组的类型和元素个数确定。

所谓数值型一维数组，一是指数组的元素类型是数值型（int、float、double、long、unsigned、signed），二是指数组元素只有一个下标，相当于生活中的“一行”。

访问数组中的元素时，须指定数组名和下标。上面的数组 *weight*，元素与下标的对应关系如图 6-1 所示。

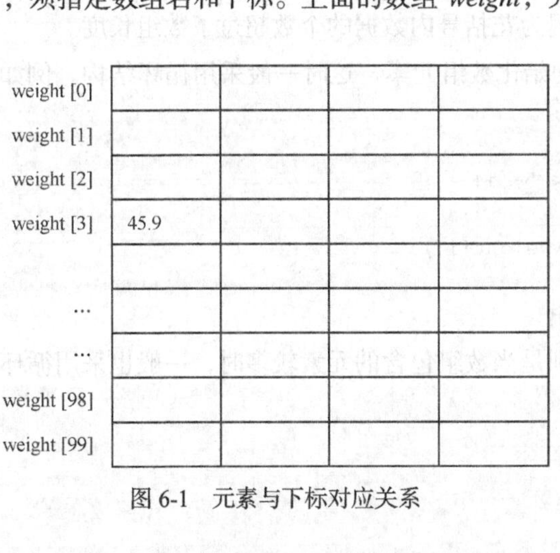

图 6-1　元素与下标对应关系

对本例而言，因为一个 float 型数据占内存 4 个字节，故 100 个元素要占内存 400 个字节。也可以这样表示：sizeof(*weight*)，也就是说，sizeof(weight)反映了 weight 数据所占据的内存空间大小。推而广之，任意数组 x 占用 sizeof(x) 字节的内存空间。数组名 *weight* 的值为数组元素在内存中存放的起始地址，即 *weight*[0]元素的地址。设 *weight*[0]的地址为 1000H（十六进制表示），则 *weight*[1]的地址为 1004H，*weight*[2]的地址为 1008H，依此类推。

将数值 45.9 存入数组 *weight* 的第 4 个元素中，可使用语句：

```
weight[3] = 45.9;
```

输出元素 *weight*[3]的值，可以使用语句：

```
printf("%f", weight[3]);
```

在声明数组的语句中，数组长度不能是变量。所以，下边声明数组 *x* 的语句是错误的：

```
int n = 10, x[n];
```

2．数组元素的引用

（1）数组的初始化。

数组属构造类型，每个元素是一个变量，所以数组要初始化后才能使用。通常说的数组的初始化，是指对数组元素的初始化。有两种方法初始化数组元素：

方法 1：边定义边初始化数组元素。例如：

```
   float weight[5] = { 67.5, 34, 40, 45.9, 91.7 };
```

将花括号中各数据按下标升序依次赋值给数组的各元素，即

```
weight[0]=67.5, weight[1]=34,…, weight[4]=91.7。
```

上面的定义与下行是等价的，C 语言系统自动把花括号中的数据个数定义为数组的长度：

```
float weight[ ] = { 67.5, 34, 40, 45.9, 91.7 };
```

几种特殊的写法：

初始化时，花括号中数据的个数不能超过数组的长度，但可以少于数组的长度。

```
float weight[5] = { 67.5, 34 };
```

含义：*weight*[0]=67.5, *weight*[1]=34，其余元素值为 0。

```
float weight[5] = { 0 };
```

含义：将 *weight* 数组所有元素初始化为 0。

```
float weight[5] = {  };
```

这是错误的写法，因为花括号中不能没有数据。

```
float weight[3] = { 67.5, 34, 40, 45.9 };
```

这是错误的写法，因为花括号内数据的个数超过了数组长度。

方法 2：先定义后初始化数组元素，这时一般采用循环结构。例如：

```
   float weight[5];
   int i;
   for ( i = 0; i < 5; i++ )
   {
      scanf("%f", &weight[i]);
   }
```

（2）数组元素的输出。

输出数组元素，特别是当数组包含的元素较多时，一般也采用循环结构。例如：

```
#include <conio.h>
#define N 10
void main( )
{
```

```
    int a[N], i;
     for ( i = 0; i < N; i ++ )
    {
      a[i] = 10 + i;
    }
    clrscr( );
    for ( i = 0; i <N; i ++)
    {
      printf("%5d", a[i]);
    }
}
```

运行输出：

```
10   11   12   13   14   15   16   17   18   19
```

在对数组操作时，须注意如下几点：

- 在一个源程序中，数组名不能与普通变量名相同；
- 对数值型数组来说，输入/输出操作是针对数组元素的，而不是针对数组名的；
- 同一数组中各元素的类型相同，因此“float *a*[3]={12.5, 'z', "school"};”是错误的语句。

【例 6-2】分析下边程序的输出结果。

参考源代码为

```
/* 例 6-2, 6-2.c */
void main( )
{
   int a, b = 0;
   int c[10] = { 1, 2, 3, 4, 5, 6, 7, 8, 9, 0 };
   for( a = 0; a < 10; ++a )
     if ( c[a] % 2 == 0 )  b += c[a];
   printf("\nb=%d", b);
}
```

本例各变量变化情况如表 6-1 所示。

表 6-1　　例 6-2 的变量变化表

循环次数	*a*	*c* 数组元素	*b*
1	0	*c*[0]=1	0
2	1	*c*[1]=2	2
3	2	*c*[2]=3	
4	3	*c*[3]=4	2+4
5	4	*c*[4]=5	
6	5	*c*[5]=6	2+4+6
7	6	*c*[6]=7	
8	7	*c*[7]=8	2+4+6+8
9	8	*c*[8]=9	
10	9	*c*[9]=0	2+4+6+8+0

可见，程序功能是将 *c*[*a*]为偶数的值累加，程序运行后输出 *b* 的值为：20。

【思考验证】下列各种情况，本程序输出结果又是多少？

① 改 if 条件为：if (*a* % 2 == 0)；

② 省略 if 条件；

③ 改 if 条件为：if (*a* % 2);

④ 改 if 条件为：if (*c*[*a*] % 3);

⑤ 改 if 条件为：if (*a* % 2 && *c*[*a*] % 2)。

6.2.2 数值型一维数组的应用

1．数组在递推中的应用

【例 6-3】用数组的方法输出斐波拉契数列：

1，2，3，5，8，13，21，34，55，89，…

写 C 程序，输出该数列前 *N* 项。

【简要分析】这是一个典型的递推问题，结合数组，从第 3 个数开始，其递推公式是：`x[i]=x[i-1]+x[i-2]`，其中 *i*=2，3，…，*N*-1。

利用循环结构，用 N-S 流程图描述的程序逻辑如图 6-2 所示。

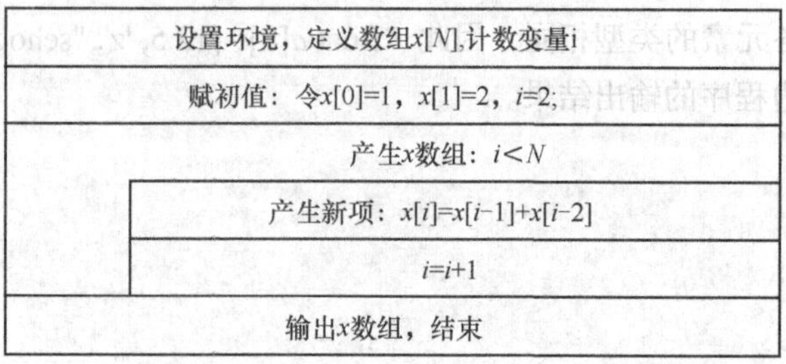

图 6-2　例 6-3 的 N-S 流程图

参考源代码为

```
#include <conio.h>
#define N 20
void main( )
{
  long i, x[N] = { 1, 2 };
  clrscr( );
  printf("%ld\t%ld\t", x[0], x[1]);
  for ( i = 2; i < N; i++ )              /* 尚剩 N-2 项 */
    x[i] = x[i - 1] + x[i- 2];           /* 产生各项 */
  for ( i = 2; i < N; i++ )              /* 输出数列 */
    printf("%ld\t", x[i] );
}
```

【思考验证】如果将 *x* 数组定义为整型 int，程序是否能正常运行？

【融会贯通】某数列前 3 项为 0、1、1，以后各项均为前相邻 3 项之和，输出该数列前 *N* 项。

2．数组在排序中的应用

【例 6-4】键盘输入 *N* 个战士的身高，将其升序排列。

【简要分析】排序是数组的经典应用，现实生活中用得很多，请读者务必掌握。排序的方法很多，《数据结构》中有详细介绍，请读者自己查阅，本例用比较法。

具体实现逻辑是：将数组元素 *a*[*i*]（*i*=0,1,2…,*N*−2）与它后边的每一个元素 *a*[*j*]（*j*=*i*+1,…,*N*−1）逐个比较，凡有 *a*[*j*]<*a*[*i*]者则交换二者的值（以保证 *a*[*i*]比任何 *a*[*j*]都小）。重复这个过程 *N*−1 次，

最后 a 数组中元素便被升序排列。

用 N-S 图描述的程序逻辑如图 6-3 所示。

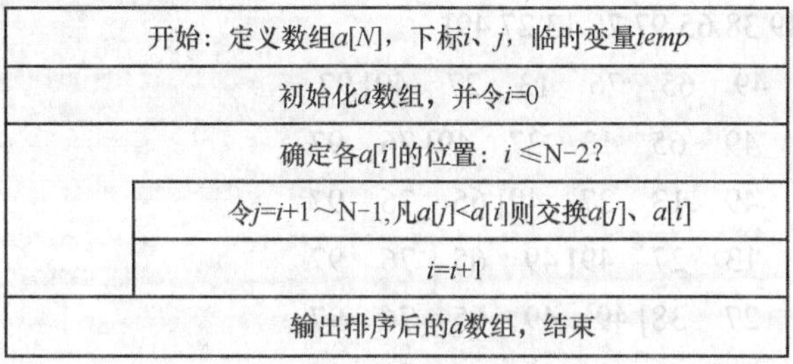

图 6-3　例 6-4 的 N-S 流程图

参考源代码为

```
/* 例 6-4, 6-4_1.c */
#include <conio.h>
#define N 10
void main( )
{
int a[N], t, i, j, temp;
clrscr( );
for ( i = 0; i < N; i++ )                /* 循环输入 N 个原始数据 */
  scanf("%d", &a[i]);
for ( i = 0; i < N -1; i++ )             /* 本循环完成排序 */
  for ( j = i + 1; j < N; j++ )          /* x[i]与它后边所有元素逐一比较，大则交换 */
    if ( a[j] < a[i] )
      { temp = a[j]; a[j] = a[i]; a[i] = temp; }
for ( i = 0; i < N; i++ )                /* 输出排序后的数组 */
  printf("%5d", a[i]);
}
```

【思考验证】怎样修改本程序以实现降序排列？

还有一种排序方法称为冒泡法。这种方法可形象描述为：使较小的值像水中的空气泡一样逐渐"上浮"到数组的顶部，而较大的值则逐渐"下沉"到数组的底部。这种技术要排序好几轮，每轮都要比较连续的数组元素对。如果某一对元素的值本身是升序排的，那就保持原样，否则交换其值。排序过程的 N-S 流程如图 6-4 所示。

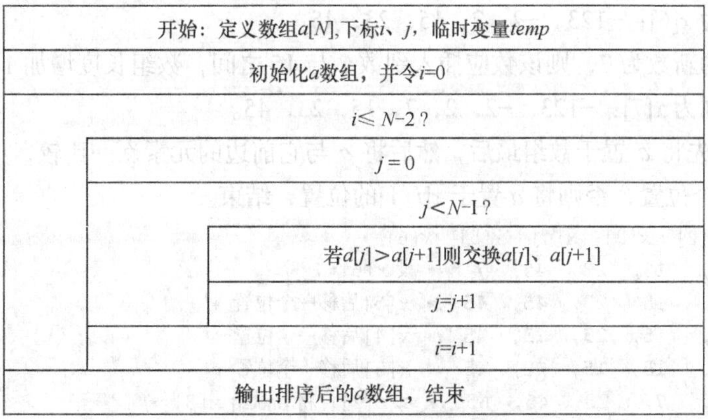

图 6-4　冒泡法排序的 N-S 流程图

排序过程示例（设 N=8）：每趟只将方括号中的数据从左向右两两比较，让较大者不断“后沉”到方括号外。

假设原始数据为[49 38 65 97 76 13 27 49]

第一趟排序后[38　49　65　76　13　27　49] 97

第二趟排序后 [38　49　65　13　27　49] 76　97

第三趟排序后 [38　49　13　27　49] 65　76　97

第四趟排序后 [38　13　27　49] 49　65　76　97

第五趟排序后 [13　27　38] 49　49　65　76　97

第六趟排序后 [13　27] 38　49　49　65　76　97

第七趟排序后 [13] 27　38　49　49　65　76　97

最后排序结果 13 27 38 49 49 76 76 97

参考源代码为

```
/* 例 6-4，6-4_2.c */
#include <conio.h>
#define N 10
void main( )
{
   int a[N], t, i, j, temp;
   clrscr( );
   for ( i = 0; i < N; i++ )            /* 输入 N 个原始数据 */
      scanf("%d", &a[i]);
   for ( i = 0; i < N -1; i++ )         /* 本循环完成排序 */
      for ( j = 0; j < N - i; j++ )     /* x[i]与它后边所有元素逐一比较，大则交换 */
         if ( a[j] > a[j + 1] )
            { temp = a[j]; a[j] = a[j+1]; a[j+1] = temp; }
   for ( i = 0; i < N; i++ )            /* 输出排序后的数组 */
      printf("%d  ", a[i]);
}
```

3. 向数组中插入新元素

请想像：训练时，小朋友们已经按身高站成了一排了，怎么将迟到的小朋友插入到队列？这其实是一个比较与移动的问题。

【例 6-5】输入一个数，插入到某升序排列的一维数组中，使插入后的数组仍然升序。

如设原数组为 $x[6]$：−123，−2，2，15，23，45。

假设待插入的新数为 7，则该数应插入到数 2 与 15 之间，数组长度增加 1。

插入后的数列为 $x[7]$：−123，−2，2，7，15，23，45。

【简要分析】先将 a 置于数组最后，然后将 a 与它前边的元素逐一比较，如果 a 小于某元素 $x[i]$,则后移 $x[i]$一个位置，否则将 a 置于 $x[i+1]$的位置，结束。

```
x[0]  x[1]  x[2]  x[3]  x[4]  x[5]  x[6]
-123,  -2,  2,   15,  23,  45,  7   /* 设 x[6]=7 */
-123,  -2,  2,   15,  23,  45,  45  /* x[5]后移一个位置 */
-123,  -2,  2,   15,  23,  23,  45  /* x[4]后移一个位置 */
-123,  -2,  2,   15,  15,  23,  45  /* x[3]后移一个位置 */
-123,  -2,  2,   7,   23,  45,  65  /* a>x[2]，将 a 赋给 x[3] */
```

用自然语言描述的程序逻辑为：

① 设置环境，定义变量；

② 输出原始数组 x 和待插入的新元素 a；

③ 先假设新数 a 是最大的，作为数组的最后一个元素 x[N−1]；

④ 若 $a < x[i]$（i=N−2,N−3,N−4,…，0），则后移 $x[i]$：$x[i] \to x[i+1]$，转⑤，否则 a 到位 $a \to x[i+1]$，转⑥；

⑤ i 自减 1，转④；

⑥ 输出新 x 数组，结束。

参考源代码为

```
/* 例 6-5, 6-5.c */
#include <conio.h>
#define N 7
void main( )
{
  int x[N] = {-123, -2, 2, 15, 23, 45}, i, k, a;
  clrscr( );
  for ( i = 0; i < N - 1; i++ )
    printf("%d  ", x[i]);
  printf("\n 请输入待插入的新数 a:");
  scanf("%d", &a);
  x[N-1] = a;
  for ( i = N - 2; i >= 0; i-- )
    if ( a < x[i] )
      x[i + 1] = x[i];
    else
      { x[i + 1] = a; break; }
  for ( i = 0; i < N; i++ )
    printf("%d  ", x[i]);
}
```

本例难点有二：第一，确定该在什么位置插入数据；第二，插入数据前怎样腾出一个空位（将指定位置开始的各元素依次后移）。

将迟到的小朋友插入到队列，还有一个方法：就是先找好位置，把这个位置以后的同学往后挪动一个位置，再让新同学站进去。注意最先挪动位置的同学是最后的那个同学！下边的代码能否完成同样的工作？

```
#include <conio.h>
void main( )
{ int x[11] = { -123, -2, 2, 15, 23, 45, 65, 99, 123, 344};
  int i, k, a;
  clrscr( );
  for ( i = 0; i < 10; i++ )
    printf("%d  ", x[i]);                   /* 输出原数组 */
  printf("\nPlease a:");
  scanf("%d", &a);                          /* 输入待插入元素 */
  k = 9;
  for ( i = 0; i < 10; i++ )
    if ( a < x[i] ) { k = i; break; }     /* 定位 k */
  if ( k == 9 )
    x[10] = a;                              /* a 放在最后 */
  else                                      /* a 不是最后一个元素 */
```

```
    {
        for ( i = 9; i >= k; i-- )
            x[i+1] = x[i];                /* 从 x[k]开始后移 */
        x[k] = a;                         /* a 作为第 k 个元素 */
    }
    for ( i = 0; i < 11; i++ )            /* 输出新数组 */
        printf("%d  ", x[i]);
}
```

【融会贯通】输入一个数，插入到某降序排列的一维数组中，保持插入后的数组仍然降序。

4．在数组中查找或删除元素

【例 6-6】假定某数组已经存放有互不相同的正整数。现从键盘输入一个数，要求从数组中删除与该值相等的元素，并将其后的元素逐个向前递补。输出删除后的数组。如原数组中无此数，则输出“无此数”。

【简要分析】从数组中删除一个元素主要做两个工作：定位与移动。定位指确定被删除元素的位置；移动指某元素被删除后，跟在它后边的元素将逐个“向前递补”，显然这与前例是相反的。设一标志变量 *flag*，其作用是表示原数组中是否存在用户要删除的元素。用 N-S 流程图描述的程序逻辑如图 6-5 所示，变量表见表 6-2。

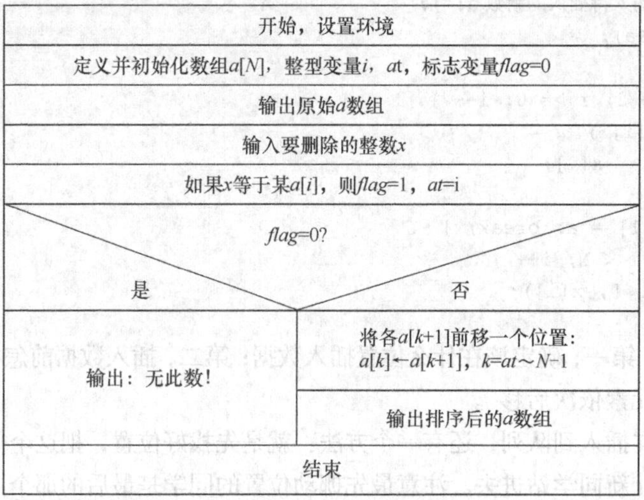

图 6-5　例 6-6 的 N-S 流程图

表 6-2　　　　　　　　　　　　例 6-6 的变量表

变量名	作用	类型	值
x 数组	存放原始数据	int	已知
i	数组下标	int	[0,9]
a	待删除的元素	int	键盘输入
k	*a* 在 *x* 数组中的位置	int	由 *a* 确定
flag	*a* 是否为包含在 *x* 中的标记	int	0,1

参考源代码为

```
/* 例 6-6, 6-6.c */
#include <conio.h>
void main( )
```

```
{
  int x[10] = {1, 2, 3, 4, 5, 6, 7, 8, 9, 10}, i, a, k, flag;
  clrscr( );
  for ( i = 0; i < 10; i++ )
    printf("%d ", x[i]);
  printf("\n 请输入要删除的数:");
  scanf("%d", &a);
  flag = 0;                    /* 设原数组中不包含被输入的元素 */
  for ( i = 0; i < 10; i++ )
    if ( x[i] == a ) { k = i; flag = 1; break; }
  if ( flag == 0 )             /* x 数组中不包含 a */
  {
    printf("\n 无此数! "); exit(0);
  }
  if ( k == 9 )  x[9] =0;      /* a 刚好是 x 的末尾元素 */
  else                         /* a 不是 x 的末尾元素 */
  {
     for ( i = k; i < 9; i++ )
       x[i] = x[i+1];          /* x 各元素向前递补 */
     x[i] = 0;                 /* x 最后元素置 0 */
  }
  for ( i = 0; i < 10; i++ )
    printf("%d  ", x[i]);
}
```

【思考验证】若要删除的数在数组中多次出现时，要求全部将它们删除。请修改本例。

【融会贯通】产生 N 个互不相同的两位自然数放于数组 $x[N]$中（设 $N<90$）。

5．统计

【例 6-7】随机产生 N 个 0～9 以内的数字，分别统计每个数字出现的次数。

【简要分析】对本例，最容易想到的方法是用 if 语句逐一判断，10 种情况分别计数，当然，这样将需要 10 个计数变量和 9 个 if 语句!

"程序弄巧"，巧是编程功力的体现。本例这类问题，对数组来说，处理很简单，可以不用 if 语句。设变量表如表 6-3 所示，则用 N-S 流程图描述的程序逻辑如图 6-6 所示。

表 6-3　　　　例 6-7 的变量表

变量名	作用	类型	值
x	[1,9]间的任意随机数	int	随机产生
count 数组	统计各随机数个数	int	由 x 定
i	循环控制变量	int	[1,N]

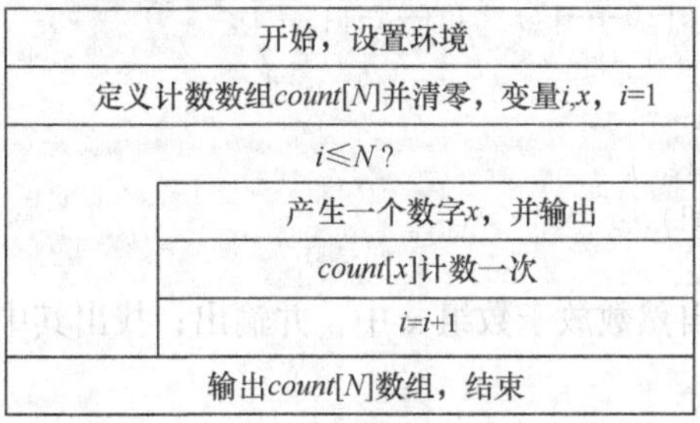
开始，设置环境
定义计数数组count[N]并清零，变量i,x，i=1
i≤N？
产生一个数字x，并输出
count[x]计数一次
i=i+1
输出count[N]数组，结束

图 6-6　例 6-7 的 N-S 流程图

参考源代码为

```
/* 例 6-7, 6-7.c */
#include <time.h>
#include <conio.h>
#include <stdlib.h>
#define N 20
void main( )
{
  static int count[N], x, i;   /* 设为静态变量，count 数组元素自动清零 */
  clrscr( );
  randomize( );
  for ( i = 1; i <= N; i++ )
  {
     x = random(10);
     printf("%3d", x);
     count[x]++;
  }
  printf("\n");
  for ( i = 0; i < 10; i++ )
     printf("\n%d---%d 次.", i, count[i]);
}
```

【思考验证】 static 关键字含义是什么？去掉它，程序能输出正确的统计结果吗？

【模仿练习】 随机产生 1000 个大写字母，分别统计各字母出现的次数。

课堂练习 1

1. 分析下边程序的输出：

```
void main( )
{
   int a, b = 0, c[10] = { 1, 2, 3, 4, 5, 6, 7, 8, 9, 0 };
   printf("\n 原始 c 数组: ");
   for ( a = 0; a < 10; ++a )
      printf("%5d", c[a]);
for ( a = 0; a < 5; a++ )
{
      b = c[a]; c[a] = c[10-a-1]; c[10-a-1] = b;
}
printf("\n 处理后的 c 数组: ");
for ( a = 0; a < 10; ++a )
      printf("%5d", c[a]);
}
```

2. 随机产生 N 个三位自然数放于数组 x 中，并输出；找出其中的所有素数放于数组 y 中，并输出。

6.3 字符数组

字符数据的处理是每种计算机语言都必须面对的问题，在计算机语言中占相当权重。人们日常生活中对事物的描述不仅仅只用到数字，还更多地用到字符或字符串，如事物名称（人名、地名、书名……）、个人简历、文章等信息。C 语言提供了丰富的函数以处理字符（串）数据，随着处理数据类型的扩大，编写程序将更加得心应手。

6.3.1 字符数组定义与结束符

字符数组的定义格式与数组型数组类似，只不过类型为 char，即

```
char 数组名[长度];
```

其中，长度是字符串中字符的个数。实际定义时，要求数组的长度不少于串中字符个数。比如下两行定义：

```
char adds[15] = "Shang Hai";   /* 定义正确，数组长度能容纳串中字符 */
char name[5] = "Beijing";      /* 定义错误，数组长度太小 */
```

如果字符数组在定义的同时赋值，其长度也可以省略不写。例如，下面的语句定义了一个字符数组 *x*，表示一个字符串，含有个 7 字符：

```
char x[ ] = { "Hello !" };
或者：char x[ ] = "Hello !";
```

在 C 语言中没有专门的字符串变量，通常用一个字符数组来存放一个字符串。注意，字符串总是自动加一个字符'\0'作为串的结束符（'\0'是一个特殊 ASCII 字符，其值为 0，不可显示，所以用它作字符串的结束是非常科学的），但数组长度不包括它。上面的数组 *x* 在内存中的实际存放情况如图 6-7 所示。

数组元素	*x*[0]	*x*[1]	*x*[2]	*x*[3]	*x*[4]	*x*[5]	*x*[6]	*x*[7]
值	H	e	l	l	o		!	\0

图 6-7 字符数组 x 在内存中存放示意图

（1）字符数组默认的结束符为'\0'，它是字符数组结束的标志，有了它字符数组才能准确地输出。例如：

```
void main( )
{
  char x[ ] = "Hello !";
  printf("%s\n", x);        /* 输出全串：Hello ! */
  x[3] = '\0';
  printf("%s", x);         /* 这时输出：Hel */
}
```

运行输出：

```
Hello !
Hel
```

（2）下面这几行定义方式的比较：

```
char a[4] = { 'a', 'b', 'c', 'd' };
```

```
char a[5] = { 'a', 'b', 'c', 'd', '\0' };
char a[ ] = "abcd";
char a[ ] = {"abcd"};
char a[10] = "abcd";
```

第 1 行与后 4 行均不等价，因第一行没有串结束符。

第 2 行、第 3 行、第 4 行等价，直接将双引号引起来的字符串赋给字符数组时，系统会自动加上结束符。

第 5 行定义的 *a* 数组占 10 个字节，系统将向 *a*[4]～*a*[9]这几个元素里自动填入'\0'。故它与前 4 行定义是不等价的。

（3）结束符的另一个用途是在字符串操作时作为循环条件的判断依据，特别是对字符个数不定的字符串。有了结束符，数组的长度信息就不重要了。程序中经常用下面的语句判断是否到了串末：

```
while ( x[i] != '\0' )
  ⋮
```

（4）字符串数组有灵活多样的输入、输出形式。

输入语句有：

```
scanf("%s", str);
gets(str);
```

这两个输入语句是有区别的：前者键盘回答时字符之间不能含空格，后者则不受此限制。所以输入地名、人名等应该用 gets( )。

输出语句有下边两种形式，二者是等价的：

```
printf("%s", str);
puts(str);
```

6.3.2 字符（串）函数

C 语言中有关字符的函数被分为字符串函数和字符函数两类，前者包含于头文件“string.h”中，常用的字符串函数见表 6-4；后者包括于头文件“ctype.h”中，常用的字符函数见表 6-5。为方便介绍，设有定义：

```
char str[80], str1[80], str2[80], ch;
```

表 6-4　　　　C 常用字符串函数

序号	函数名	意义	返回值
1	gets(*str*)	键盘输入一串字符赋给字符数组 *str*	*str*
2	puts(*str*)	输出字符数组 *str* 内容到显示器	*str*
3	strlen(*str*)	求串长	整数
4	strcat(*str*1,*str*2)	串连接，即串 2 连接于串 1 后	*str*1
5	strncat(*str*1,*str*2,*n*)	串连接，仅串 2 前 *n* 个字符连于串 1 后	*str*1
6	strcpy(*str*1,*str*2)	串复制，串 2 复制到串 1	*str*1
7	strncpy(*str*1,*str*2,*n*)	串复制，仅串 2 前 *n* 个字符复制到串 1	*str*1
8	strcmp(*str*1,*str*2)	串比较，比较串 2、串 1 大小	整数
9	strncmp(*str*1,*str*2,*n*)	串比较，仅比较串 2、串 1 前 *n* 个字符大小	整数

续表

序号	函数名	意义	返回值
10	strset(*str*,*ch*)	置换，用 *ch* 置换 *str* 串各字符	*str*
11	strnset(*str*,*ch*,*n*)	置换，用 *ch* 置换 *str* 串前 *n* 个字符	*str*
12	strlwr(*str*)	大转小，串中大写字母变为小写字母	*str*
13	strupr(*str*)	小转大，串中小写字母变为大写字母	*str*
14	Memset(*str*,*ch*,*n*)	置换，将 *str* 串前 *n* 个字符置换成 *ch*	*str*
15	strrev(*str*)	倒置，将 *str* 串字符颠倒顺序	*str*
16	strchr(*str*,*ch*)	给出 *ch* 在 *str* 串中首次出现的位置	地址，无返回空指针
17	strstr(*str*1,*str*2)	给出 str2 子串在 str1 串中首次出现的位置	地址，无返回空指针

1．字符串函数

提示

- 字符串的连接函数、复制函数格式中 *str*2 的值是不变的，结果存放于 *str*1 串中，故要求 *str*1 有足够的长度。
- strcmp( )，将字符按位置比较，其结果为一个整数，是两个串中第 1 个不同字符的 ASCII 之差：如 strcmp("abc", "abf")值为−3；strcmp("ABC", "123")值为 16；strcmp("zhao", "zhao")值为 0。

【例 6-8】字符串处理函数的综合应用示例。

参考源代码为

```
/* 例 6-8, 6-8.c */
#include <string.h>
#include <stdio.h>
main( )
{
  char str1[40];
  char str2[40];
  gets(str1);
  gets(str2);
  if ( ! strcmp(str1, str2) )
     puts("str1==str2 ");
  else
     puts("str1!=str2 ");
  printf("len1=%d, len2=%d\n", strlen(str1), strlen(str2));
  strcat(str1, str2);
  printf ("str1+str2= %s\n ", str1);
  strcpy ( str1, str2 );
  printf (" str1←str2 : ");
  puts(str1);
  strupr(str1);
  printf ("str1 To Upper: ");
  puts(str1);
}
```

请读者分析以上程序功能及输出结果。

2. 字符函数

表 6-5　　C 常用字符函数

函数名称	意义	返回
isalnum(*ch*)	*ch* 是否是字母或数字	
isalpha(*ch*)	*ch* 是否是字母	
isdigit(*ch*)	*ch* 是否是数字	
islower(*ch*)	*ch* 是否是小写字母	是返回 1，否返回 0
isupper(*ch*)	*ch* 是否是大写字母	
isspace(*ch*)	*ch* 是否是空格	
ispunct(*ch*)	*ch* 是否是标点或空格	
tolower(*ch*)	将字母 *ch* 转小写字母	相应小写字母
toupper(*ch*)	将字母 *ch* 转大写字母	相应大写字母

表 6-6 中给出了几个常用的转换函数（含于 stdlib.h）。

表 6-6　　C 转换函数表

函数名	意义	返回
ltoa(*num*,*str*,radix)	将 radix 进制长整型数 *num* 转换为串 *str*	返回 *str*
itoa (*num*,*str*,radix)	将 radix 进制整型数 *num* 转换为串 *str*	返回 *str*
atoi(*str*)	将串转换为整型数	返回整型
atol(*str*)	将串转换为长整型数	返回长整型
atof(*str*)	将串转换为实数	返回实型

【例 6-9】指出下列语句中的语法错误。

```
设有定义：char ch, str1[10], str2[10];
① char str[10] = "abcdefghijk";        /* 数组长度定小了 */
② char ch = "string";                  /* ch不是字符数组 */
③ if ( strlen(str1[10]) > 5) n++;      /* 应用 str1，不能用 str[10] */
④ if ( str1 > str2 ) n--;              /* 串比较用函数：strcmp(str1,str2) */
⑤ str1 = str2;                         /* 串赋值用函数：strcpy(str1,str2); */
⑥ puts(getche( ));                     /* puts 函数是串函数而不是字符函数 */
⑦ if ( isupper(str) ) n++;             /* isupper( )是字符函数而不是串函数 */
⑧ gets(ch);                            /* gets( )是字符串函数而不是字符函数 */
⑨ str2 = getchar( );                   /* getchar( )输入的单字符不能赋给串变量 */
⑩ str1 += str2;                        /* 字符串连接只能用：strcat(str1,str2) */
```

【例 6-10】分析程序执行时从键盘输入串"acbccd"后的输出结果。

参考源代码为

```
/* 例 6-10, 6-10.c */
#include <string.h>
#include <conio.h>
void main( )
{
   char s[80];
```

```
    int i, j;
    clrscr( );
    gets(s);
    for ( i = j = 0; s[i] != '\0'; i++ )
      if ( s[i] != 'c' ) s[j++] = s[i];
    if ( j ) s[j] = '\0';
    puts(s);
}
```

运行输出：

abd

【简要分析】本例中 *i*、*j* 表示的是同一个数组元素的下标，并且它们不是同步增长的！

程序中 *i* 的作用是遍历 *s* 数组的各元素，而 *j* 只有当条件满足时才增加。一个极端情况是如果条件一直不满足（*s* 串中不含字符'c'），*j* 便没有自增的机会而一直等于 0，从而 *s* 串保持不变。只有那些不等于'c'的 *s*[*i*]才会放入它前面的 *s*[*j*]中（因 *j*<*i*），而 for 循环结束后如果 *j* 非 0，则将那时的 *s*[*j*]置结束符'\0'，最后显示 *s* 串变短了。

至此，我们可悟到程序功能：删除从键盘上输入的串中的字符‘c’。

【思考验证】如果去掉“if(*j*) s[*j*]='\0';”语句中的条件，程序在哪种情况下是错的？

【融会贯通】判断从键盘上输入的一个字符串是否是“回文”。所谓回文是指对称的字符串，如“abcddcba”，正读反读都是一样的。

【例 6-11】怎样将字符串“123”转换为数值 123（或作相反转换）呢？几个转换函数非常有趣，关键场合大显身手，请分析下边源代码。

参考源代码为

```
/* 例 6-4-4, 6-4-4.c */
#include <stdlib.h>
#include <string.h>
#include <math.h>
void main( )
{
  long x = 91234567, y;
  char a[10], b[] = "135734", c[10];
  ltoa(x, a,10);                     /* 将十进制长整数 x 转化为字符串，放于 a 数组中 */
  y = atol(b);                       /* 将字符串 b 数组转化为长整型数，放于 y 中 */
  printf("\n%s,%d,%ld", a, strlen(a), y + 2);        /* 输出：91234567,8,135736 */
  printf("\n%d",strlen(ltoa(pow(2, 20), c, 10)));    /* 求 220 值是几位数字 */
}
```

【融会贯通】键盘输入一个正整数，请判断它是不是对称数。

【例 6-12】输入一行字符，将其中元音字母、非元音字母、数字和其他符号分别放入几个字符数组中。

【简要分析】设原文放于字符数组 *str* 中，从中挑选出的字符形成的四个子串分别放于字符数组 *str*1、*str*2、*str*3、*str*4 中。考虑到特殊情况，定义 4 个子串的长度与原串长度相同。分别用 4 个变量 *k*1、*k*2、*k*3、*k*4 代表 4 个子串的下标，显然，这 4 个下标的增长速度是不同的。

用自然语言描述的程序逻辑如下：

①　设置环境，定义字符数组 *str*、*str*1、*str*2、*str*3、*str*4 并清空，定义各自的下标 *i*、*k*1、*k*2、*k*3、*k*4，并置零。

② 输入一行英文，放于 *str* 数组中。

③ *str*[*i*]不等于结束符？成立转④，不成立则转⑨。

④ 如果 *str*[i]是元音字母，则将其放于 *str*1[]数组中，转⑦。

⑤ 如果 *str*[i]是非元音字母，则将其放于 *str*2[]数组中，转⑦。

⑥ 如果 *str*[i]是数字字符，则将其放于 *str*3[]数组中，否则将其放于 *str*4[]数组中。

⑦ *i*=*i*+1。

⑧ 转③，继续判断 *str* 中下一字符。

⑨ 输出分流后的字符数组 *str*1、*str*2、*str*3、*str*4，结束。

参考源代码为

```
/* 例 6-12, 6-12.c */
#include <string.h>
#include <ctype.h>
void main( )
{
   char str[80], str1[80], str2[80], str3[80],str4[80];
   int i = 0, k1 = 0, k2 = 0, k3 = 0, k4 = 0;
   printf("\n 请输入一行字符: ");
   gets(str);
   while ( str[i] != '\0' )
   {
      if ( isalpha(str[i]) )                    /* 判断某一个字符是否是字母 */
        if ( strchr("aeiouAEIOU", str[i]) )     /* 判断某一个字符是否是元音字母 */
           str1[k1++] = str[i];
        else
           str2[k2++] = str[i];
      else
        if ( isdigit(str[i]) )                  /* 判断某一个字符是否是数字 */
           str3[k3++] = str[i];
       else
         str4[k4++] = str[i];                   /* 该字符非字母、非数字 */
      i++;
   }
   puts(str1);
   puts(str2);
   puts(str3);
   puts(str4);
}
```

【思考验证】请不用 strchr( )函数，改写该程序。

【融会贯通】输入一个字符串，分别将其中第奇数个、第偶数个字符选出放入两个数组中。

课堂练习 2

输入一个字符串，按字母表顺序将它左半边字符升序排列，右半边字符降序排列。如果原字符串长度为奇数，则正中间字符排序前后位置不变。比如原始字符串“zhaokdeng”，排序后为“ahozknged”。

6.4 二维数组

【例 6-13】某学习小组有 4 位同学，学习 5 门课程，如表 6-7 所示，求每个同学的平均分。

表 6-7　例 6-13 的原始数据

姓名	课程 1	课程 2	课程 3	课程 4	课程 5	平均分
赵彬	80	82	91	68	77	
张强	78	83	82	72	80	
张帅	73	58	62	60	75	
李莉	82	87	89	79	81	

表中共 24 个成绩数据，类型均为整型。如果每位学生的数据用 1 个一维数组存放，则存放该小组的成绩将需要 4 个一维数组。如果将一维数组理解为一行，那么二维表就相当于二维数组。定义二维数组 *cj* 存放表中的成绩：

```
int cj[4][6];
```

其中[4]表示有 4 行（4 个同学），[6]表示有 6 列（每个同学 5 门课程，最后一列存储平均分）。

数组 *cj*[4][6]可以视为 4 个一维数组（这 4 个一维数组的数组名分别为：*cj*[0]、*cj*[1]、*cj*[2]、*cj*[3]），每个一维数组又含 6 个元素。显然，该数组的第一个元素为：*cj*[0][0]，最后一个数组元素为：*cj*[3][5]，*cj*[2][1]表示张帅同学的数据库成绩 58 分。数组 *cj* 的存储情况如表 6-8 所示。

表 6-8　二维数组 *cj* 的存储形式

cj[*i*][*j*]	*j*=0	*j*=1	*j*=2	*j*=3	*j*=4	*j*=5
i=0	80	82	91	68	77	
i=1	78	83	82	72	80	
i=2	73	58	62	60	75	
i=3	82	87	89	79	81	

1. 二维数组的定义

二维数组是指一个由若干同类型一维数组组成的集合，相当于若干行、若干列数据组成的阵列，在内存中按行连续存储。二维数组的表示要用到两个下标：第一个下标代表行，第二个下标代表列。其定义格式是：

```
类型  数组名[行数][列数];
例如: int cj[4][6];
   char name[5][20];  /* 可表示 5 个人的姓名，每个姓名的长度少于 20 个字符 */
```

2. 二维数组的输入/输出

与一维数组一样，二维数组可以在定义时赋初值，也可以随机引用二维数组中某一个元素的值，而不受各元素存储顺序影响。比如，下面所示的几个数组的定义等价：

```
int a[2][3] = { { 1, 2, 3 }, {4, 5, 6 } };     /* 将每一行的的元素用一对花括号括起 */
int a[2][3] = { 1, 2, 3, 4, 5, 6 };
int a[][3] = {1, 2, 3, 4, 5 ,6};                /* 根据列元素的个数自动计算行数 */

int b[ ][5] = { { 1 }, { 0, 2 }, { 0, 0, 3 }, { 0, 0, 0, 4 }, { 0, 0, 0, 0, 5 } };
```

上面定义的 *b* 数组表示如下二维数组：

```
1  0  0  0  0
0  2  0  0  0
0  0  3  0  0
0  0  0  4  0
0  0  0  0  5
```

如果二维数组的行数与列数相等，则称为方阵，如上边的 *b* 数组。设有方阵 *b*[*N*][*N*]，其主对角线元素的引用是 *b*[*i*][*i*], *i*=0～*N*−1, 特征是两个下标相等；其次对角线元素的引用是 *b*[*i*][*N*−1−*i*], *i*=0～*N*−1。

数值型二维数组的输入/输出一般采用循环结构。设有定义：

```
int x[M][N], i, j;
```

用二重循环给二维数组赋值：

```
    for ( i = 0; i < M; i++ )
        for ( j = 0; j < N; j++ )
            scanf("%d", x[i][j]);
```

输出时一般也要用二重循环：

```
    for ( i = 0; i < M; i++ )
        {
        for ( j = 0; j < N; j++ )    /* 输出第 i 行的所有元素 */
            printf("%5d", x[i][j]);
          printf("\n");              /* 换行，以便输出矩阵形式！ */
        }
```

字符型的二维数组与数值型的二维数组不同，一是每行包含的字符个数可以不同，二是有很多字符串的函数可以直接调用。

例如，声明了数组：

```
char name[5][20];
```

它的内容可以是：

```
  wang ping
  zhaokelin
  li
  Microsoft Corp.
  I love C language.
```

其中，数组元素 *name*[3][5]值是's'。该数组包含 *name*[0]～*name*[4]共 5 个一维数组。

字符型二维数组的输入/输出用一重循环。设有定义：

```
char name[N][80];
```

采用一重循环输入 *name* 数组：

```
for ( j = 0; j < N; j++ )
  gets(name[i]);
```

采用一重循环输出 *name* 数组：

```
for ( j = 0; j < N; j++ )
  puts(name[i]);
```

对例 6-13，如果从键盘输入各位学生的成绩，则程序修改如下。

参考源代码为

```
/* 例 6-13, 6-13.c */
#include <conio.h>
#define M 4
#define N 6
void main( )
```

```
{
  int i, j, cj[M][N], sum;
  clrscr( );
  for ( i = 0; i < M; i++ )        /* 输入成绩 */
  {
    printf("Num %d :\n ", i);
    for (j = 0; j < N; j++ )
    {
      printf("\n\t 课程[%d]= ", j);  scanf("%d", &cj[i][j]);
    }
  }
  for ( i = 0; i < M; i++ )        /*  计算每位学生的平均分  */
  {
    sum = 0;
    for ( j = 0; j < N; j++ )
      sum += cj[i][j];
    cj[i][N-1] = sum / N;
  }
  /*  屏幕显示输出  */
  printf("学生\t 课程 1\t 课程 2\t 课程 3\t 课程 4\t 课程 5\t 平均分\n");
  for ( i = 0; i < M; i++ )
  {
    printf("Stu %d: ", i);
    for ( j = 0; j < N; j++ )
      printf("\t%d", cj[i][j]);
    printf("\n");
  }
  printf(" ============================================== \n");
}
```

【思考验证】本例还有这样一个思路：输入数据与计算平均分在同时完成，但这样做程序可读性较差，不符合结构化程序设计思想。读者不妨试试看。

【融会贯通】完善本例，进一步输出各位学生的最高分和最低分，如表 6-9 所示。

表 6-9　　原始数据

姓名	课程 1	课程 2	课程 3	课程 4	课程 5	平均分	最高分	最低分
赵彬	80	82	91	68	77			
张强	78	83	82	72	80			
张帅	73	58	62	60	75			
李莉	82	87	89	79	81			

有关三维数组、四维数组，乃至 N 维数组，与二维数组是相似的，只不过引用时多几个下标罢了。读者若有兴趣，请参看相关书籍。

课堂练习 3

30 个士兵站成 5 行 6 列。让计算机找一找，看看有没有这样的士兵：他的体重在他所站的那一行是最轻的，但在他所站的那一列却是最重的。如果有，请指出这样的士兵所站的位置（行号、列号）。设士兵的体重先由键盘输入。

6.5 数组的应用

加密的算法有很多种，但其方式不外置换和易位两种。置换是将原文中的各字符按一定规律替换成另外的字符，如把原文“Love”中每各字母用字母表中下一字母替换，则密文为“Mpwf”；易位是保持原文中字符不变，但改变各字符出现的位置，如把原文“Love”中字符循环左移一位，则密文为“oveL”。

把密文还原成原文的过程称解密。

【例 6-14】从键盘上输入一行由小写英文组成的字符串，用置换法（置换规律：按字母表逆序）对其加密。

“abcdefghijklmnopqrstuvwxyz”，按位置置换为

“zyxwuvtsrqponmlkjihgfedcba”。

例如，设原文为“student”，则密文是：“hgfwumg”。

不难理解：对同一原文，采用不同的置换规律，会得到不同的密文。

用自然语言描述的程序逻辑如下：

① 设置环境，定义变量；

② 将字母逆序表放于数组 *key*[27]中；输入原文，放于数组 *str*[80]中；

③ *i*=0;

④ 原文处理到完否（*str*[*i*]为'\0'）？没有，则转⑤，已处理完则转⑧；

⑤ 计算字母 *str*[*i*]在 *key*[27]中出现的位置 *k*;

⑥ 用字母 *key*[*k*]置换字母 *str*[*i*];

⑦ *i*=*i*+1，转④；

⑧ 输出密文 *str* 串；

⑨ 结束。

参考源代码为

```
/* 例 6-14, 6-14.c */
#include <string.h>
void main( )
{
   char key[ ] = "zyxwuvtsrqponmlkjihgfedcba", str[80];
   int i, k;
   printf("\n 请输入原文: ");
   gets(str);
   for ( i = 0; str[i] != '\0'; i++ )
   {
      k = str[i]-97;
      str[i] = key[k];
   }
   printf("\n 密文是: ");
   puts(str);
}
```

【思考验证】试写出本例的解密程序。

【融会贯通】输入 *N* 行字符串，对每行加密。加密方法是按字母表的顺序：将第 1 个字符用

第 3 个字符替代，将第 2 个字符用第 4 个字符替代，依此类推，直到倒数第 2 个字符。倒数第 2 个字符用原文中的第 1 个字符替代，倒数第 1 个字符用原文中的第 2 个字符替代。如果原文行长度小于 3 个字符，则保持原文行不变；非字母字符不变。

如原文：How are you?

密文为：Jqy ctg aqw?

【例 6-15】随机产生 $N \times M$ 个 1000 以内的自然数，组成 N 行 M 列的二维数组，将各行元素降序排列后输出。

【简要分析】前面讲过，对一行数据排序用二重循环，而二维数组是若干行数据，故应该用三重循环。用自然语言描述的程序逻辑如下：

① 设置环境，定义变量；

② 产生并输出二维数组 $x[N][M]$；

③ i=0；

④ 如果 $i<N$，转⑤，否则转⑦；

⑤ 对第 i 行排序；

⑥ i=i+1，转④；

⑦ 输出排序后的数组；

⑧ 结束。

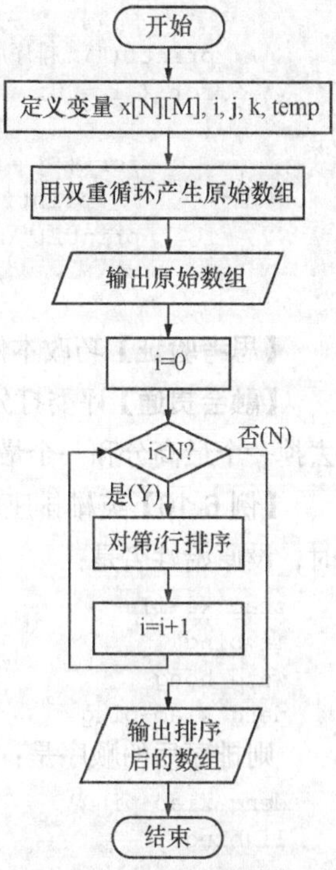

图 6-8　例 6-15 流程图

参考源代码为

```
/* 例 6-15，6-15.c */
  #include <conio.h>
  #include <time.h>
  #include <stdlib.h>
  #define N 5
  #define M 8
  void main( )
  {
    int x[N][M], i, j, k, temp;
    clrscr( );
    randomize( );
    for ( i = 0; i < N; i++ )        /* 产生原始数组并输出 */
    {
       for ( j = 0; j < M; j++ )
        {
        x[i][j] = random(999) + 1;
        printf("%6d", x[i][j]);
      }
       printf("\n");
    }
    for ( i = 0; i < N; i++ )
       for ( j = 0; j < M; j++ )
         for ( k = 0; k < M; k++ )
             if ( x[i][k] < x[i][j])
              {
              temp = x[i][j];
              x[i][j] = x[i][k];
              x[i][k] = temp;
```

```
        }
    printf("\n 排序后结果为:\n");
    for ( i = 0; i < N; i++ )
    {
        for ( j = 0; j < M; j++ ) /* 输出第 i 行的所有元素 */
            printf("%6d", x[i][j]);
        printf("\n");                /* 输出矩阵形式！ */
    }
}
```

【思考验证】巧改本例，实现对 $N \times M$ 的二维数组按列降序排列。

【融会贯通】评委打分。某次歌咏比赛共有 *N* 个评委给 *M* 个选手打分（含一位小数），统计时去掉一个最高分和一个最低分，输出各选手的最后得分（指平均分，保留一位小数）。

【例 6-16】英雄排座次。任意输入 *N* 个人的姓名，将他们按字母顺序升序排列。如当 *N* 取 5 时，设原始姓名是：

```
zhao ke-lin
li bing
wang hong
deng xiao-ping
```

则排序后的顺序是：

```
deng xiao-ping
li bing
wang hong
zhao ke-lin
```

【简要分析】因中国人的姓名长度一般不超过 20 个字符，故本例定义数组 *name*[*N*][20]表示 *N* 个人的姓名。注意字符串比较须用 strcmp( )函数，交换两个字符串须用 strcpy( )函数，中间变量应定义成字符数组，程序变量表见表 6-10。

表 6-10　　　　例 6-16 的变量表

变量名	作用	类型	值
name[*N*][20]	存放 *N* 个人姓名	char	键盘输入
temp[20]	临时变量	char	临时变量，暂存姓名
i,j	循环控制变量	int	排序用

用 N-S 流程图描述的程序逻辑如图 6-9 所示。

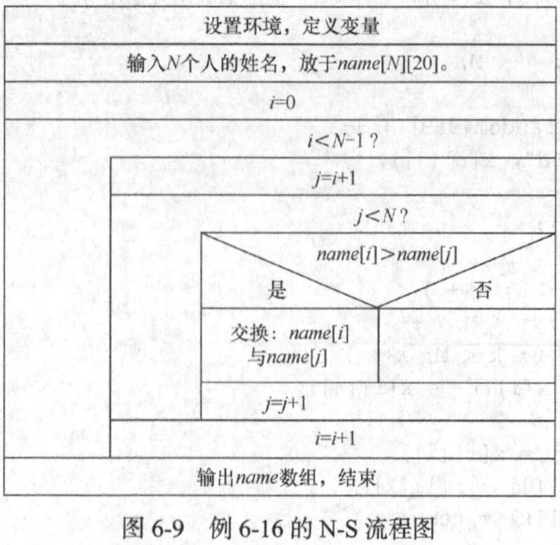

图 6-9　例 6-16 的 N-S 流程图

参考源代码为

```
/* 例 6-16, 6-16.c */
#include <conio.h>
#include <string.h>
#define N 10
void main( )
{
  char name[N][20], temp[20];
  int i, j;
  clrscr( );
  for ( i = 0; i < N; i++ )            /* 输入 N 个人姓名，放入二维数组 name 中 */
  {
    printf("请输入第%d 个姓名: ", i + 1);
    gets(name[i]);
  }
  for ( i = 0; i < N -1; i++ )         /* 对姓名数组升序排序 */
     for ( j = i + 1; j < N; j++ )
        if ( strcmp(name[i], name[j]) > 0 )
        {
            strcpy(temp, name[i]);
            strcpy(name[i], name[j]);
            strcpy(name[j], temp);
        }
  printf("\n 排序后的顺序为:\n");
  for ( i = 0; i < N; i++ )            /* 输出排序后的结果 */
     puts(name[i]);
}
```

【融会贯通】 请按姓名的长度将 N 个姓名降序排列。

课堂练习 4

下面是某商店代理产品的月销售汇总表，编程找出获利最大的商品和获利最小的商品。

品名	进价（元）	进货件数	零售价（元）	销售件数
computer1	6000.00	120	6870.00	112
computer2	21000.00	50	21900.00	47
VCD1	458.00	500	569.00	450
VCD2	1118.00	1154	769.00	900
TV1	3210.00	3000	3350.00	2575
TV2	2210.00	2000	3000.00	1849

习题

一、填空题

1. 下面程序段的输出结果是________。

```
int i, a[10];
for ( i = 0; i < 10; i++ )
{
   a[i] = 3 * i + 1;
}
for ( i = 9; i >= 0; i--, i-- )
   if ( a[i] / 2 ) printf("%5d", a[i]);
```

2. 下面程序段执行后，*s*1=________，*s*2=________。

```
float b[ ] = { 0.5, 1.6 ,2.7 ,3.8, 4.9, 5, 6.1, 6.2, 7.3, 8.4 }, s1, s2;
int i;
for ( i = 1, s1 = s2 = 0; i < 9; i++ )
{
   if ( i % 2 ) s1 += ( int ) b[i];
   if ( i % 3 ) s2 += b[i] - (int) b[i];
}
printf("s1=%.1f,s2=%.1f", s1, s2);
```

3. 下面程序段的输出结果是________。

```
char c[ ] = "12345678";
int i, d[10];
for ( i = 0; i < strlen(c); i += 2 )
{
   c[i] = c[i] + 1; d[i] = 48 + c[i];
}
for ( i = 0; i < strlen(c); i += 2 )
   printf("%d", d[i]);
```

4. 分析下面程序的功能是________。

```
#include <stdlib.h>
#include <time.h>
#define N 50
void main( )
{
  static int e[N], f[5], i;
  randomize( );
  for ( i = 0; i < N; i++ )
  {
    e[i] = random(49) + 1;
    printf("%4d", e[i]);
    f[e[i] / 10]++;
  }
  printf("\n");
```

```
  for ( i = 0; i < 5; i++ )
    printf("f[%d]=%4d  ", i, f[i]);
}
```

5. 下面的程序段执行后，*k*=__________。

```
int i, k, a[10], p[3];
k = 5;
for ( i = 0; i < 10; i++ ) a[i] = i;
for ( i = 0; i < 3; i++ ) p[i] = a[i * ( i + 1 ) ];
for (i = 0; i < 3; i++) k += p[i] * 2;
```

6. 阅读以下程序：

```
#include<stdio.h>
main()
{
    int v1=0,v2=0 ;
    char ch ;
    while((ch=getchar())!='#')
    switch(ch)
    {
        case'a' :
        case'h' :
        default :
        v1++;
        case'o' :
        v2++;
    }
    printf("%d,%d",v1,v2);
}
当输入 china#时
  输出 ____________________。
```

7. 下面程序输出杨辉三角形，应该在横线上填充语句________。杨辉三角形如下：

```
  1
  1       1
  1       2    1
  1       3    3    1
  1       4    6    4    1
  …
#include <conio.h>
#define  MAXROW 15
void main( )
{
  int row, col, yh[MAXROW][MAXROW];
  clrscr( );
  for ( row = 0; row < MAXROW; row++ )
  {
    yh[row][0] = 1; yh[row][row] = 1 ;
  }
  for ( row = 2; row < MAXROW; row++ )
    for ( col = 1; col < row; col++ )
      ______________ ;
  for ( row = 0; row < MAXROW; row++ )
  {
```

```
        for ( col = 0; col < row; col++ )
          printf("%5d", yh[row][ col]);
        printf("\n");
      }
    }
```

二、实训题（描述算法，编写代码，上机调试）

1. 随机产生200个四位正整数，先按它们后三位（或前三位）升序排列，如果后三位（或前三位）相等，则按原先的数值大小降序排列。最后，把排序后的后10个数存入数组*b*中。

2. 随机产生*N*个四位正整数，将其中的素数选出，并升序排列后输出（以每行*M*个素数的格式）。

3. 键盘输入*N*个实数，输出其中的最大数及其出现的个数。

4. 键盘输入*N*个整数，分别求其中奇数、偶数的均方差。

5. 筛法找素数。用筛法求[1,*n*]区间的素数，并以每行10个的格式输出。筛法即埃拉托色尼筛法，他是古希腊数学家。算法是不断从数组元素中挖掉（清0）非素数，最后剩下的就是素数。用自然语言描述筛法的程序逻辑如下：

① 将[1,100]内各整数放入一维数组中，如*a*数组；

② 挖掉*a*[0]，因1不是素数（*a*[0] = 0）；

③ 用一个未被挖去的数 *a*[*i*]去除它后边的所有元素，凡是能除尽者挖掉，即挖掉，*a*[*i*]的所的倍数；

④ *a*[*i*]小于*N*的平方根，重复③，否则结束；

⑤ 输出*a*数组中的非0元素。

6. 抛骰计点。模拟掷两个骰子1000次，统计顶面各点数（2至12）出现的次数。骰子是立方体，六个面上的点数是1点、2点、……6点。

7. 随机产生N^2个两位自然数，排列成*N*阶方阵。对原始方阵，分别完成：

1）将第一行与最后一行交换，第二行与倒数第二行交换……

2）求两对角线元素之和。

3）求转置矩阵（即行列互换：第1行作第1列，第2行作第2列，……）。

8. 键盘输入一个字串，删除其中的元音字母。

9. 输入一行英文，统计其中有多少个单词。

10. 加密*N*行英文。各行加密方法：第一个字符的ASCII值加第二个字符的ASCII值，得到第一个字符，第二个字符的ASCII值加第三个字符的ASCII值，得到第二个新字符，依此类推一直处理到最后第二个字符，最后一个字符的ASCII值加原第一个字符的ASCII值，得到最后一个新的字符，得到的新字符分别存放在原字符串对应的位置上。最后把已处理的行字符串逆转。

第7章 函数

前几章的所有程序的代码都是在主函数中的。当程序功能较复杂或代码行数较多时，将降低程序的可读性和代码重用率，同时也不便于程序调试和程序团队编写。本章介绍的自定义函数，将解决这一问题，使读者编程水平更上一层楼。

函数是C语言程序的基本构成单位，一个C语言程序由一个或者多个函数组成。

【主要内容】

结构化程序设计的基本思想、函数定义、函数调用的方法、函数间相互通信的过程（参数传递）、变量作用域、变量的生命周期和变量的存储类别。

【学习重点】

重点掌握函数定义、函数调用方法、函数间参数传递的过程。

7.1 函数概述

在日常生活中，我们每天都要做一些事，其中有些事情是不能一次完成的。例如，搬运一台电脑，就要分显示器、主机、打印机等几次搬运。又例如，求图7-1所示图形的面积，因为它不是规则的几何图形，我们必须先分别求半圆的面积*S*1、矩形的面积*S*2和等边三角形的面积*S*3，最后通过累加3个子面积之和而得到整个图形的面积。

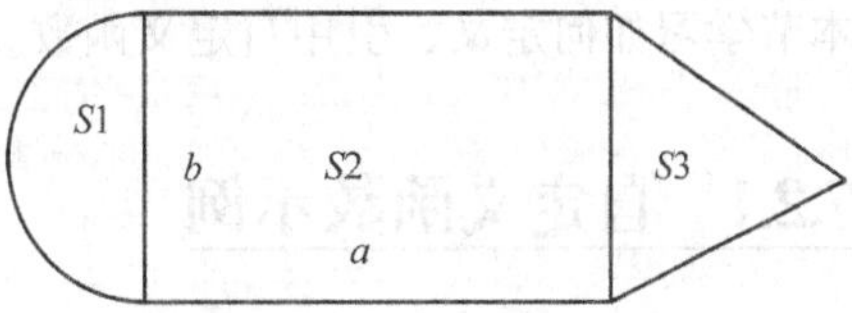

图7-1 求不规则图形的面积

这种"分而治之"的方法是解决很多复杂问题的好方法。在程序设计语言中，这种方法称为"模块划分法"。把整个组合图形（见图7-1）视为一个"模块"，为了求此模块的面积我们把它分割成了3个"子模块"——*S*1模块、*S*2模块、*S*3模块，分别求出3个"子模块"的面积再累加起来，就得到了整个"模块"的面积。所以，模块划分法可以使复杂的问题简单化。从图中我们不难看出，半圆的直径和等边三角形的边长分别是矩形的高，所以，这3个模块各自独立而又彼此联系。

模块划分法实际上就是结构化程序设计的方法。结构化程序设计的思想包括以下 3 方面的内容。

（1）任何一个程序都是由顺序、选择、循环这 3 种结构构成。

（2）设计一个大程序时，应按功能将其划分为一些小模块，然后找出这些小模块之间的关系，并加以组织。现代软件工程要求按功能划分模块时尽量遵守“低耦合高内聚”的原则，即各模块功能尽量独立，各模块间的联系尽量少。

（3）程序设计方法应采用“自顶向下、逐步细化”的方法。

结构化程序设计方法使程序结构层次分明，各模块间关系简单明了，程序清晰易懂，容易发现错误，也便于维护。

在 C 语言程序设计中，通常将一个较大的程序分解成若干个较小的、功能单一的程序模块来实现，这些完成特定功能的模块称为函数。函数是组成 C 语言程序的基本单位。

C 语言的函数有两种：标准函数和自定义函数。前者已经由系统提供，如 sin(*x*)、sqrt(*x*)等，这类函数只要用户在程序的首部把相应的头文件包括进来即可直接调用；后者是程序员根据需要自己定义的函数。本章主要讨论自定义函数的定义与引用方法。

自定义函数是非常必要的，因为标准函数的数量有限且只能解决一些带普遍性的问题。现实世界是复杂而庞大的，程序要完成的任务是多种多样的，有些功能单靠标准函数难以解决，如求三角形的面积、成绩排序等。C 语言的自定义函数正是给程序员提供了一个广阔的空间，程序员可以根据解决问题的需要，自己“发明”一些函数，让这些函数分别去完成程序员规定它要完成的“工作”。

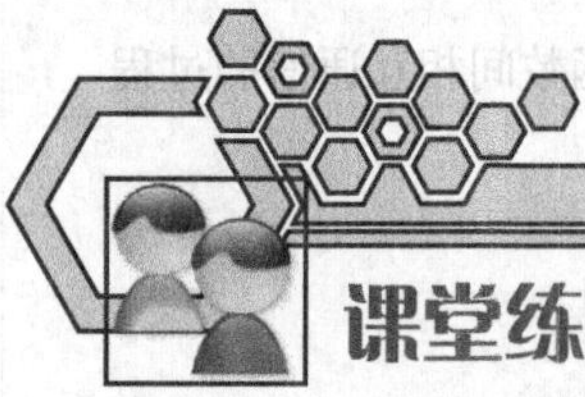

课堂练习 1

请列举出 10 个标准函数，并说明这些函数的功能及使用方法。

7.2 自定义函数的实现

本节学习如何定义、引用自定义函数。

7.2.1 自定义函数示例

自定义函数有各种分类法。按参数的个数，分为无参自定义函数、有参自定义函数两种；按是否有返回值，分为无返回值、返回单值、返回多值自定义函数三种；按是否有函数体，分为空函数、非空函数两种。

下面以例 7-1 为例，介绍自定义函数的各种情况。

【例 7-1】请先输入两个数作为一个区间的上限与下限，然后再找出该区间内所有能够同时被 3 和 5 整除的数，并统计这些数的个数。

【简要分析】定义一个函数 search( )来实现该功能。因为用户输入两个数时是不考虑大小顺序的，所以程序必须判断这两个数的大小，以确定区间的上限和下限。用一个变量来统计满足条件的数的个数，本例变量表如表 7-1 所示。

表 7-1 例 7-1 的变量表

变量名	含义	类型	初值
upda	区间的上限	int	键盘输入
downda	区间的下限	int	
count	统计个数	int	0
temp	临时保存数据	int	任意

用自然语言描述程序逻辑如下。

① 设置相关环境，按表 7-1 定义变量。

② 初始化变量 *upda*、*downda*、*count*。

③ 判断 *upda*、*downda* 的大小关系，如果 *upda* 小于 *downda* 则交换之。

④ 逐个判断在这个区间内的所有整数，从中找出满足条件的数并统计其个数。

⑤ 输出结果，结束。

1. 无参数自定义函数

主函数与自定义函数的功能拟这样分配：主函数只完成调用，利用自定义函数实现本例的全部功能。请阅读下边的程序，注意粗体语句行的写法、以及 search( )函数是怎样从主函数中分离出去的。

参考源代码为

```
/* 例 7-1, 7-1_1.c */
#include <stdio.h>
void search( )   /* 定义函数 search( )，函数类型为 void，注意本行后无分号！ */
{
    int upda, downda, count = 0, temp;
    printf("\n please input two integer data: ");
    scanf("%d, %d", &upda, &downda);
    if ( upda < downda )    /* 确定区间的上限、下限 */
    {
      temp = upda; upda=downda; downda=temp;
    }
    for ( ; downda <= upda; downda++ )
     if ( (downda % 3 == 0 ) && (downda % 5 == 0 ) )  /* 找出区间内满足条件的数 */
     {
       count++;
       printf("%d \t", downda);  /* 输出找出的数 */
     }
    printf("\n count = %d", count);
}    /* search( )函数定义完毕，注意花括号“}”后无; */

void  main( )     /* 函数类型为 void */
{
  search( );     /* 函数调用：语句调用 */
}
```

运行输出：

```
please input two integer data: 98,18
30      45      60      75      90
count = 5
```

像本例 search( )函数圆括号内是空的，没有参数，称为无参数自定义函数，简称无参函数。由于该函数本身没有返回值，所以它的类型为空类型（void）。无参自定义函数的一般定义格式是：

```
类型说明符  函数名( )
{
    说明部分;    /* 变量说明 */
    语句部分;
}
```

函数定义时必须遵循的几点规则如下所列。

（1）“类型说明符”说明自定义函数的返回值类型，它可以是 C 语言的基本数据类型或空类型（void），书写时要注意该行后无分号。其实，任何函数都有返回类型，如 sqrt(*x*)返回值是双精度型（double），strlen(*str*)返回值是整型（int）。

（2）函数名是唯一标识函数的标识符，在一个程序中具有唯一性。也就是说，在一个 C 程序中不能有同名的函数存在。函数名的取名方法与变量同。

（3）函数名后的一对圆括号是函数的标志，其内放置参数。对无参函数来说圆括弧内没有参数，是空的，但圆括号不能省略。

（4）两个花括号括起来的部分称为函数体，它由说明部分和语句部分组成。说明部分用于对函数内用到的变量作类型说明；语句部分是函数功能的具体实现，它由若干语句行组成。函数体内也可以无语句，俗称空函数，该函数什么也不做只是占一个位置，在程序需要扩充功能时，再编写。空函数不影响程序的正常运行。

提示

> ➢ 一个 C 语言程序必须有且只有一个名为 main( )的主函数，无论 main( )函数位于程序的什么位置，运行时总是从 main( )函数开始，最后结束于 main( )函数。
>
> ➢ C 语言中函数不能嵌套定义，但能嵌套调用。所谓嵌套定义是指在一个函数的函数体内再定义另外一个函数。
>
> ➢ 自定义函数必须先定义后调用。本例 main( )函数中的“search( );”语句是对自定义函数 search( )的调用。

【思考验证】当程序运行时，是先执行主函数还是自定义函数？请单步运行该程序。

【融会贯通】写自定义函数 fun( )，实现的功能是找出所有三位自然数中三位数字之和是 6 的数，并统计其个数。

2. 有参数自定义函数

在实际编程时，往往不采用像例 7-1_1.c 这种自定义函数“大包干”的做法，而是在主函数里完成输入、调用、输出，自定义函数只完成具体的数据处理。按此思路，可以得到例 7-1 的另外一种写法如下。

参考源代码为

```
/* 例 7-1, 7-1_2.c */
#include <stdio.h>
void search( int downda, int upda )  /* upda, downda 是自定义函数的形参 */
```

```
{
   int count = 0, temp = 0;
   if  (upda < downda )
   {
      temp = upda; upda = downda; downda = temp;
   }
   for ( ; downda <= upda; downda ++ )
      if ( (downda % 3 == 0 ) && (downda % 5 == 0 ) )
      {
         count++;
         printf("%d \t", downda);
      }
   printf("\n count = %d", count);
}

void  main( )
{
   int  start, end ;
   printf("\n please input two integer data: ");
   scanf("%d,%d", &start, &end);
   search( start , end );   /* start ,end 是实际参数 */
}
```

自定义的 search( )函数圆括号内有两个参数，这种函数形式称为带参数的自定义函数，简称有参函数。它的一般定义格式是：

```
类型说明符 函数名(形式参数列表)
{
   说明部分;
   语句部分;
}
```

下面介绍形式参数与实际参数的概念。

形式参数：在定义函数时，写在自定义函数名后圆括号内的变量称为形式参数，简称形参。形参只能是变量，不能是表达式或常量，形参也可以为空。例 7-1_2.c 中的 *upda* 和 *downda* 就是两个形参，其作用是接受从主调函数中传入的数据。

实际参数：在调用自定义函数的语句中，写在函数名后圆括号内的参数称为实际参数，简称实参。实参可以是常量、变量或任何有确定值的表达式，甚至是数组名、指针、结构变量等。如例 7-1_2.c 中函数调用语句“search(*start* , *end*);”中的 *start* 和 *end*，就是两个实参，其作用是把实际参数 *start* 和 *end* 的值传递给对应位置的形式参数 *upda* 和 *downda*。

实参与形参的关系，一般遵守“类型匹配、个数相同、按位置一一对应”的原则。

提示

- 形参与实参可以是一个或多个，也可以没有，视具体情况而定。当有多个形参或实参时，各参数之间用逗号隔开。
- 形参与实参只是类型相同，没有直接关系，所以二者可以同名（即使同名，也互不影响），也可以不同名。
- 在自定义函数体中形参可以被引用，如输入、输出、被赋以新值或参与运算。形参是局部变量，其值只在自定义函数体内有效，一旦离开自定义函数，其值自动消亡。

当形参个数较多时，也可以将形参的类型单独说明。例如：

```
int func(int a, float b, double c)
{
  …
}
```

等价于：

```
int func(a, b, c)
int a;
float b;
double c;
{
  …
}
```

3．有返回值的自定义函数

例 7-1_2.c 中，能不能在主函数 main( )中输出满足条件的数的个数呢？这其实是函数之间怎样互通信息的问题。

C 语言提供了多种方法实现函数之间信息互通。当需要从自定义函数中返回一个值时，可在自定义函数中使用返回语句。返回语句的关键字是：return。本例希望 search( )函数的值为满足题设条件的数之个数，故 search( )函数的类型为整型（int）。下边的源代码就是按此思路编写的：

参考源代码为

```
/* 例 7-1，7-1_3.c */
#include <stdio.h>
int search( int downda, int upda)          /* 函数的返回类型设为 int */
{
  int count = 0, temp = 0;
  if  ( upda < downda )
  {
    temp = upda; upda = downda; downda = temp;
  }
  for ( ; downda <= upda; downda++ )
    if ( (downda % 3 == 0 ) && (downda % 5 == 0 ) )
    {
      count++;
      printf("%d \t", downda);
    }
    return count ;                          /* 返回 count 的值给主函数 */
}

  void main( )
  {
  int  start, end, num;
  printf("\n please input two integer data: ");
  scanf("%d,%d", &start, &end);
  num = search( start , end );             /* 调用 search( )函数并将其值赋给 num */
  printf("\n The  number is  %d", num );
}
```

本例调用 search( )函数的方式为表达式调用，它与输出行可以合并为如下所示的一行：

```
printf("\nthe  number is  %d", search( start , end ) );
```

这样，自定义函数成了 printf( )函数的参数，这种调用自定义函数的方式称参数调用。本例的执行过程如图 7-2 所示。

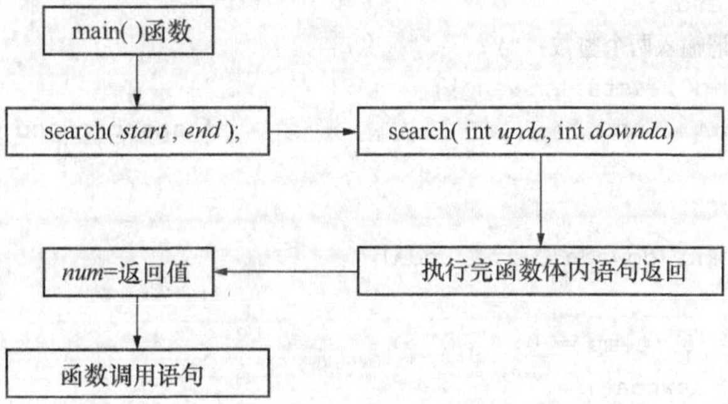

图 7-2 带返回值的函数调用过程图

可以用一个比喻来描述该过程：我们正读一篇英语文章，遇到了一个生词。于是我们转去查字典。弄清楚生词的意思后，我们返回原文断点处继续往下读。

通过阅读以上实例可以总结出带一个返回值函数的一般定义格式为

```
类型说明符    函数名(形式参数列表)
{
   说明部分;
   语句部分;
   return (表达式 或 变量) ;
}
```

说明几点。

（1）返回语句的格式也可简写成如下格式：

```
   return 表达式或变量;
```

（2）函数类型为 void 的函数，表示该函数被调用后无返回值，在函数体内可以不写 return 语句，也可只写“return;”表示返回到主调函数。没有 return 语句的函数在被调用时返回不确定的值。

（3）自定义函数类型要与 return 语句后表达式值的类型相匹配。

（4）有返回值的自定义函数一旦定义后，就可以像标准函数一样方便地被调用。

return 语句只能从自定义函数返回一个值。有时，我们需要从自定义函数返回多个值，这时就要用到其他技术，比如利用数组作参数或使用全局变量等（详见第 7.2.2 小节）。

7.2.2 自定义函数声明

阅读前面的两个程序，细心的读者会发现自定义函数是写在主函数之前的。当然自定义函数也可放在主函数之后，这样的好处是整个程序结构清晰，主干在前，枝叶在后，便于阅读和理解。但采用这种结构时，就要先对函数作原型声明，下面的代码是对 7-1_3.c 的改进：

参考源代码为

```
/* 例 7-1, 7-1_4.c */
#include <stdio.h>
#include <conio.h>
```

```
void main( )
{
  void search( int downda, int upda);          /* 函数原型声明即自定义函数声明 */
  int start, end ;
  printf("\n 请输入两个整数：");
  scanf("%d,%d", &start, &end);
  search( start , end );                       /* start , end 是实参 */
}

void search( int downda , int upda)
{
  int count = 0, temp = 0;
  if ( upda < downda )
  {
    temp = upda; upda = downda; downda = temp;
  }
  for ( ; downda <= upda; downda++ )
    if ( ( downda%3 == 0 ) && ( downda%5 == 0 ) )
    {
      count++;
      printf("%d \t", downda);
    }
  printf("\n count = %d", count);
}
```

通过前后两个程序的对比，很容易发现它们之间的差异，除了自定义函数和 main( )函数的位置互换外，7-1_4.c 比 7-1_2.c 多了一行自定义函数声明语句，并且这个语句是不能省略的。

为什么要对自定义函数进行声明呢？原因如下。

如果在函数调用之前，没有对函数作声明，则编译系统会把第一次遇到的该函数形式（函数定义或函数调用）作为函数的声明，并将函数类型默认为 int 型。所以，当一个函数的类型不是 int 型并且没有在调用它之前声明，那么，在编译时就会出错。为了避免此类错误发生，建议初学者在主函数的首部对所有自定义函数进行声明。

为了确保函数调用时，编译程序检测形参和实参类型、个数是否相同等基本信息，就必须通过一种方法来告诉编译程序被调函数是怎样定义的，C 语言正是通过函数原型的方法来保证函数之间的正确调用。

所谓函数原型声明就是这样一条语句，原样书写自定义函数的函数头，然后再写上分号“;”即可，如 7-1_4.c 中语句：

```
void search( int downda, int upda);
```

就是对 search( )的原型声明。需要注意的是在函数原型声明语句中，函数括号内必须正确写清参数的类型、个数、顺序，这是调用该函数和定义该函数的依据！至于使用什么变量名则无关紧要。本例函数原型声明语句写成下面任一种形式，均不影响程序的执行：

```
void search(int x, int y );
void search(int, int );
```

函数声明与函数定义是完全不同的两回事。前者只说明函数的外在特性，后者是函数功能的具体描述。

调用标准函数为什么不需要进行声明呢？其实也已经声明了，只不过是采用了另外一种形式，那就是由头文件完成的。前面很多程序在首部用了#include 命令，它的作用就是将有关标准函数的信息“包含”到本程序中。如本例的“#include <conio.h>”，在 conio.h 头文件中就有 clrscr( )等函数的宏定义信息，要使用这些函数就必须先包括其头文件 conio.h。

7.2.3　自定义函数调用

在 C 语言中，主要是通过实参和形参实现函数间的信息传递。其方式有两种，“值传递”和“地址传递”。

值传递：在函数调用时，主调函数将各实参（常量、变量、数组元素、计算表达式）的值一一对应地传递给被调函数的各形参。除了例 7-1_1.c 外，其他已给的所有例题参数传递方式都是值传递方式。函数值传递方式的过程如图 7-3 所示。

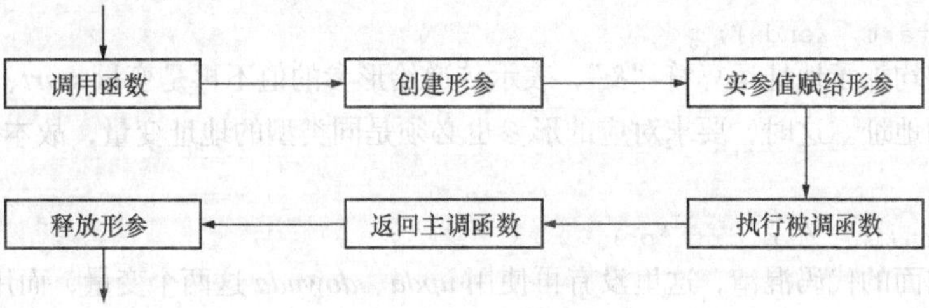

图 7-3　参数传递过程

地址传递：在函数调用时，实参传递给形参的是实参变量在内存中所占存储空间的首地址。由于地址的唯一性，因此这时实参和形参实际上使用的是同一块存储空间。在采用地址传递时，实参和形参都必须是地址类型的变量，如数组名或指针变量。下边源代码调用函数采用的是地址传递：

参考源代码为

```
/* 例 7-1，7-1_5.c */
#include <stdio.h>
#include <conio.h>
void search(int *, int *);                /* 声明函数参数为地址，本行可放在主函数说明部分 */
void main( )
{
  int start, end;
  printf("\n 请输入两个整数：");
  scanf("%d,%d", &start, &end);
  search( &start, &end );                 /* 将 start ，end 的内在地址作为实参 */
}

void  search(int *pa, int *pb)            /* 用 pa、pb 两个指针变量作为形参 */
{
  int  count = 0, temp;
  if (*pa > *pb )
  {
```

```
        temp = *pa; *pa = *pb; *pb = temp;
    }
    for ( ; *pa <= *pb; (*pa)++ )
        if ( (*pa%3 == 0 ) && (*pa%5 == 0 ) )
        {
            count++;
            printf("%d \t", *pa);
        }
    printf("\n count = %d", count);
}
```

运行输出：

```
请输入两个整数：10, 100
15      30      45      60      75      90
count = 6
```

这里，主函数 main( )中调用函数 search( )的语句为：

```
search( &start, &end );
```

两个实参前均加了地址运算符“&”，表示传递给形参的值不再是变量 *start*、*end* 的值，而是它们在内存中的地址。这时，要求对应的形参也必须是同类型的地址变量，故本例函数定义的第 1 行为

```
void  search(int *pa, int *pb)
```

为了不与前面的代码混淆，这里没有再使用 *upda*、*downda* 这两个变量，而用了 *pa*、*pb* 两个指针变量代替。这行也可以写成如下两行：

```
void search(pa, pb)
int *pa, *pb;
```

“值传递”与“地址传递”两种参数传递方式的区别是：

“值传递”的形参和实参各占独立的存储单元，形参中保存的是实参的一个拷贝，当然完成这个拷贝要花费系统时间；

“地址传递”的形参和实参都是地址，形参和实参指向的是同一片内存单元，这时可简单认为形参是实参的别名。更优越的是，采用地址传递方式，当形参的值在函数体内被改变时，能反传给实参，从而实现从自定义函数返回多个值。

作为“地址传递”的典型应用，数组作函数参数有普遍而重要的实际意义。C 规定：形参如果是一维数组则可以不指定数组的长度；如果是多维数组，除第一维的长度可以不指定外，其余各维的长度必须指定；形参数组中某一元素的值改变，也会改变实参数组中的相应元素的值；函数调用时，实参数组和形参数组可以同名，也可以不同名。

【例 7-2】 求 $N \times N$ 的整型矩阵对角线元素之积。

【简要分析】 如图 7-4 所示，方格外的数字分别代表行号、列号，不同的阴影部分是两条对角线。不难看出对角线元素下标的规律：斜线标出的对角线是主对角线，它的每一个元素所在的行号和列号相同（0～4）；竖线标出的是次对角线，它的每一个元素所在的行号递增（0～4）和列号递减（4～0）。

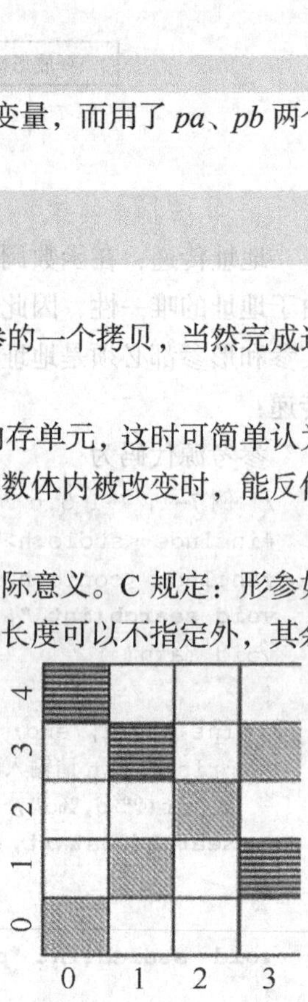

图 7-4　*N*×*N* 矩阵图

设变量表如表 7-2 所列。

表 7-2　　例 7-2 的变量表

变量名	含义	类型	初值
N	数组的长度	int	5
array[*N*][*N*]	二维数组	int	输入
i, *j*	行/列号	int	0
ay[][*N*]	数组	int	从实际参数得来
product	乘积	long	1

用自然语言描述的程序逻辑如下：

① 设置相关环境，定义变量；

② 初始化变量 *array*[*N*][*N*]，*product*；

③ 计算矩阵对角线之积；

④ 输出结果，结束。

参考源代码为：

```
/* 例 7-2，7-2.c */
#include  <stdio.h>
#include  <conio.h>
# define  N  5
void create( int x[N][N] );           /* 初始化数组 */
long mul( int x[N][N] );              /* 计算对角线之积，注意积在 long 型范围内 */
void output( int ay[N][N] );          /* 输出数组 */
void main( )
{
  int array[N][N], i, j;
  clrscr( );
  create(array);
  printf("\n 原始矩阵为：\n");
  output(array);
  printf("\n 对角线元素之积是：%ld", mul(array));
}

void create(int x[ ][N])
{
  int i, j;
  for ( i = 0; i < N; i++ )
  {
    for ( j = 0; j < N; j++ )
    {
      printf("please input array[ %d ][ %d ]: ", i, j);
      scanf("%d", &x[i][j]);
    }
  }
}

void output(int x[ ][N])
{
  int i, j;
```

```
    for ( i = 0; i < N; i++ )
    {
        for ( j = 0; j < N; j++ )
        {
          printf(" %5d", x[i][j]);
        }
        printf("\n");
    }
}

long mul (int ay[ ][N])
{
   int i;
   long product = 1;
   for ( i = 0 ; i < N; i++ )
   {
     product *= ay[i][i] * ay[i][N -1 - i] ;
   }
   return product;
}
```

【思考验证】如果将函数 mul( )的形参说明成指针*p，函数体应该怎么写？

【融会贯通】请修改本例，实现求周边元素之积。

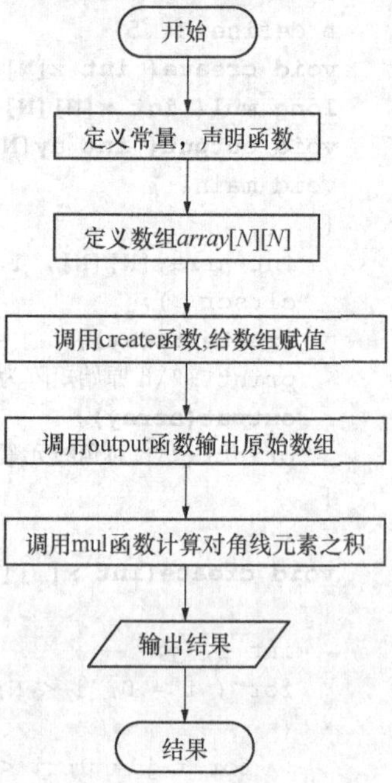

图 7-5　例 7-2 流程图

1. 函数的嵌套调用

在现实生活中嵌套的例子举不胜举。例如，我们在看武侠电视剧的时候经常会有这样的故事情节：江湖中所有武功高强的人都在寻找一个能使自己称霸武林的《剑谱》，而这个剑谱被人放在一个悬崖峭壁之上的一个匣子里，当一个侠客找到这个匣子后，打开外面的匣子，发现里面还有个匣子，打开第二个匣子后发现里面还有第三个匣子，……，当他破解所有的“机关”打开最里面的匣子后，发现里面有一本自己心仪已久的《剑谱》! 这种在大匣子里面装小匣子就是嵌套。

在 C 语言中，函数的定义是平行的，不允许函数嵌套定义（即在一个自定义函数体中又定义另一个新的自定义函数），但函数之间可以嵌套调用，即允许在一个函数体内再调用其他函数。

【例 7-3】有 10×10 的二维数组，求各行最大元素之和。

【简要分析】可以视为 10 个一维数组，求一维数组中的最大值，循环 10 次即可。拟定义 3 个自定义函数，这样分工：create( )产生并输出原始数据；searchmax( )找出一行上的最大元素；calculate( )循环 10 次，把各行上的最大数累加起来。设变量表如表 7-3 所列。

表 7-3　例 7-3 的变量表

变量名	含义	类型	初值
N	数组长度	int	10
array[*N*][*N*]	二维数组	int	输入

续表

变量名	含义	类型	初值
a[]	一维数组	int	从实参得来
i,j	行列号	int	0
sum	求和	int	0

用自然语言描述程序逻辑如下：

① 设置相关环境；

② 定义变量，实参 *array*[10][10]，形参 *a*[10]，行列号 *i*、*j*，最大值 *max* 和 *sum*；

③ 初始化变量 *array*[10][10]，令 *i*=0；

④ *i*<10 成立吗？成立则做⑤，否则做 ⑧；

⑤ 找出各行最大元素，并赋给 *max*；

⑥ 求 *max* 之和：*sum*+=*max*；

⑦ *i*++，转④；

⑧ 输出结果，结束。

参考源代码为

```
/* 例 7-3，7-3.c */
#include <stdio.h>
#include <stdlib.h>
#include <conio.h>
#include <time.h>
#define N 10
void create(int x[ ][N]);           /* 产生并输出二维数组 */
void calculate(int x[ ][N]);        /* 求二维数组各行最大元素之和 */
int searchmax( int a[ ] );          /* 找出一行上的最大数 */
void main( )
{
   int x[N][N];
   clrscr( );
   create(x);
   calculate(x);
   getch( );
}

int searchmax( int a[ ] )
{
   int i, max ;
   max = a[0];
   for ( i = 1; i < N; i++ )
      if ( max < a[i] )
        max = a[i];
   printf("max=%d\n", max);
   return max;    /* 返回 max 的值给主调函数 */
}

int calculate(int array[ ][N])
{
```

```
   int i, sum = 0;
   for ( i = 0; i < N; i++ )                          /* 求各行最大元素之和 */
      sum += searchmax(array[i]);                     /* 再一次调用 searchmax( )函数 */
   printf("\n sum = %d", sum);
}

void create(int array[ ][N])
{
   int i, j;
   randomize( );
   for ( i = 0; i < N; i++ )
   {
      for ( j = 0; j < N; j++ )
      {
         array[i][j] = random(100);                   /* 调用随机函数初始化二维数组 */
         printf("%5d", array[i][j]);                  /* 输出二维数组的值 */
      }
      printf("\n");
   }
}
```

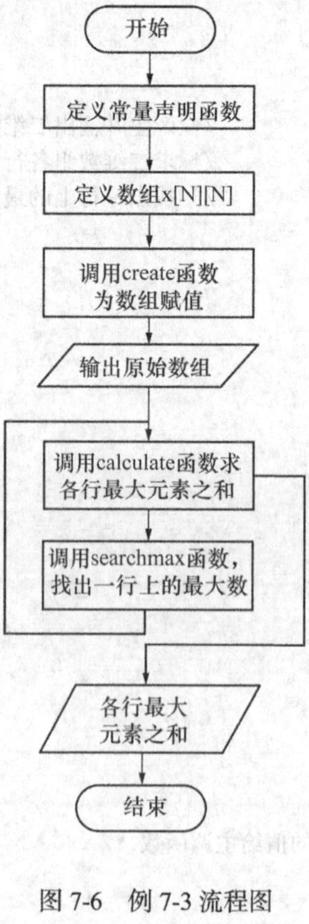

图 7-6　例 7-3 流程图

函数嵌套调用过程如图 7-7 所示。

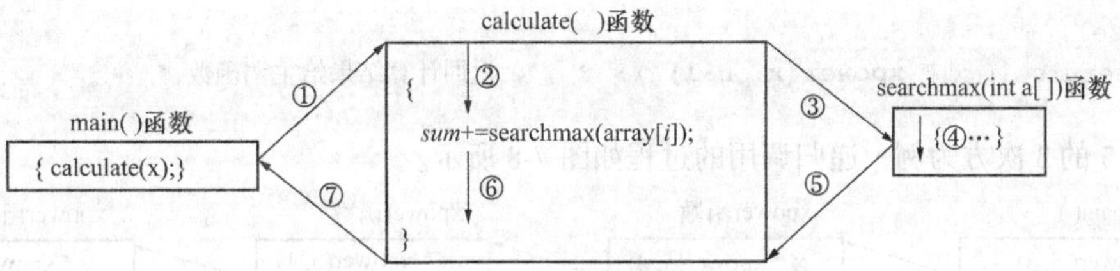

图 7-7　函数嵌套调用过程

【思考验证】可以将 int searchmax( )定义在 calculate( )函数体内部吗？

【融会贯通】用函数嵌套调用的方法，找出大于 *M* 的 *N* 个素数。要求统计大于 *M* 的 *N* 个数用 *count*(*M*,*N*)实现，判断某数是否为素数用一个函数 *flag*(*x*)实现。

2．函数的递归调用

递归调用：在调用一个函数的过程中又直接或间接地调用该函数本身。

递归算法的思想：要解决某个问题，可以把这个问题分解成对 *m* 个子问题分别求解，如果子问题的规模仍然不够小，则再划分为 *m* 个子问题，如此递归地进行下去，直到问题规模足够小，很容易求出其解为止。

【例 7-4】利用函数的递归调用求 *x* 的 *n* 次方。

【简要分析】递归有两个阶段，第一阶段是“回推”，欲求 *x* 的 *n* 次方，回求 *x* 的 *n*−1 次方，再回求 *x* 的 *n* −2 次方……，当回推到 *x* 的 0 次方时，此时能够得到 *x* 的 0 次方为 1，就不再回推了；然后进入第二阶段“递推”，由 *x* 的 0 次方开始，求 *x* 的 1 次方，*x* 的 2 次方……，直到 *x* 的 *n* 次方。设变量表如表 7-4 所列。

表 7-4　　例 7-4 的变量表

变量名	含义	类型	初值
x	底数	int	输入
n	幂指数	int	输入
result	计算结果	int	0

参考源代码为

```
/* 例 7-4，7-4.c */
#include <stdio.h>
void main( )
{
   double xpower(double x, int n );
   int n;
   double x, result;
   scanf("%lf, %d", &x, &n);
   result = xpower(x, n);           /* 以表达式的方式调用函数 xpower( ) */
   printf("result = %lf \n", result);
}

double xpower(double x , int n)
{
   if ( n <= 0 )
     return 1;
```

```
    else
      return  ( x * xpower(x, n-1) );    /*  返回计算结果给主调函数 */
}
```

以求 5 的 3 次方为例，递归调用的过程如图 7-8 所示。

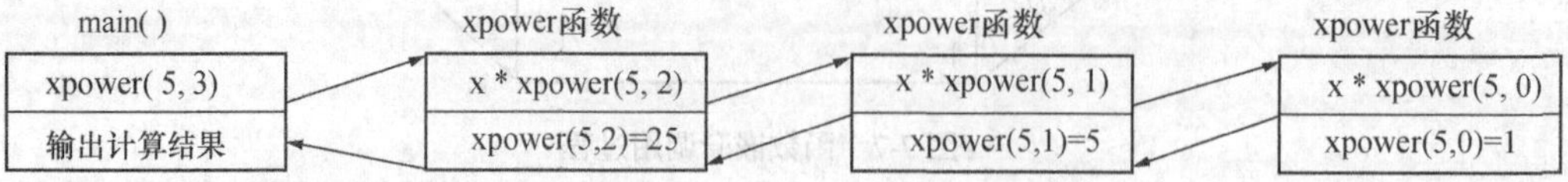

图 7-8　例 7-4 函数递归调用分析图

递归是 C 语言的重要特点之一，递归的优点就是程序结构清晰，可读性强，而且容易用数学归纳法来证明算法的正确性，因此它为设计算法、调试程序带来很大方便。递归的缺点是递归算法的运行效率较低，无论是耗费的计算时间还是占用的存储空间都比非递归算法要多。

需要说明的是，一个问题能用递归方法求解，必须符合两个条件：

第一，可将一个问题转化为具有同样解法的规模较小的问题；

第二，必须有明确的结束条件。

【融会贯通】有 5 个人坐在一起，问第 5 个人多少岁，他说比第 4 个人大 2 岁，问第 4 个人的岁数，他说比第 3 个人大 2 岁，问第 3 个人的岁数，他说比第 2 个人大 2 岁，问第 2 个人，他说比第 1 个人大 2 岁，问第一个人，他说是 10 岁。请问第 5 个人的岁数？

课堂练习 2

用自定义函数编程：任意输入一个整数，判断它是几位数，并求其各位数之和。

7.3　变量的作用域和存储类别

7.3.1　变量的作用域

变量的作用域是指程序中声明的变量在程序的哪些部分是可用的。从变量作用域的角度，变量分为局部变量和全局变量两种。

在 C 语言中，变量定义在程序的不同位置时，就有不同的作用域。打个比方：中央文件的作用域是全国（包括省市县），省级文件的作用域只在本省辖区（包括市、县），而单位内部的文件则只在本单位有效。中央文件、省级文件虽然作用域不同，但都是全局变量，单位内部的文件是局部变量。

局部变量：在函数或复合语句内部定义的变量是局部变量，该变量只在本函数或复合语句内部范围内有效。形参也是局部变量。

局部变量有助于实现信息隐蔽，即使不同函数中使用了同名变量，也互不影响，因为它们占不同内存单元，就像不同班级有相同姓名的学生一样。因此，局部变量增加了程序的灵活性和可移植性。

全局变量：在函数体外定义的变量是全局变量，全局变量的作用域是从它的定义行到整个程序的结束行。

全局变量虽然增加了函数之间传递数据的途径，但在它的作用域内，任何函数都能引用。因此对全局变量的修改，会影响到其他引用该全局变量的所有函数，降低了程序的可靠性、可读性和通用性，不利于模块化程序设计，建议不要大量使用。

【例 7-5】分析以下程序，理解变量的作用域。

参考源代码为

```
/* 例 7-5, 7-5.c */
#include <stdio.h>
int st = 0;                          /* 定义全局变量 st */
void main( )
{
   int a = 1, b = 2, re ;            /* ①: 此 a,b,re 在整个函数内有效 */
   re = a + b;
   {
      int a = 3, b = 4;              /* ②: a、b 在该复合语句内有效 */
      st += re + a * b;              /* 语句①中同名变量 a、b 被屏蔽，语句②中 a,b 生效 */
      printf("\n a=%d, b=%d, st=%d", a, b, st);  /* 输出语句②中 a, b 的值 */
   }  /* 复合语句结束 */
   printf("\n a=%d, b=%d, st= %d ", a, b, st);  /* a、b 恢复语句①中的值 */
}
```

运行输出：

```
a=3, b=4, st= 15
a=1, b=2, st= 15
```

【思考验证】在不同的函数内定义同名局部变量，各个变量的作用域。

【融会贯通】将上例中的复合语句块改写成一个函数，观察运行结果。

7.3.2　变量的存储类别

从变量的生存期来分，变量分为静态存储和动态存储两种方式。

C 语言中变量的使用不仅对数据类型有要求，而且还有存储类型的要求，变量的数据类型是操作属性，而变量的存储类型是存储属性，它表示变量在内存中的存储方法。

C 语言把用户的存储空间分成三部分：程序区、静态存储区、动态存储区，如图 7-9 所示。C 语言把不同性质的变量存放在不同的存储区里。

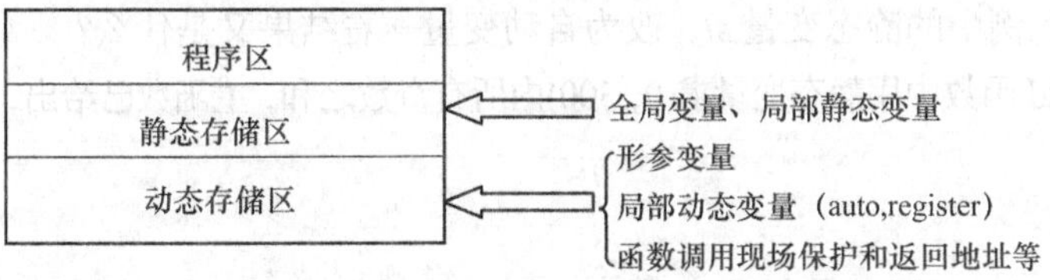

图 7-9　变量存储类别

在 C 语言中，每个变量和函数有两个属性：数据类型和数据的存储类别。

所谓变量的存储类别是指变量存放的位置。局部变量可以存放于内存的动态区、静态区和 CPU 的寄存器里。在程序里，我们可以把变量对应地定义为是自动（auto）、静态（static）、寄存器（register）等类别。但无论变量存放在何处，它的作用域是不变的。全局变量存放在静态存储区里。

静态变量：这种类别的变量在源程序运行期间，从开始到结束的整个过程一直占用固定存储空间。

动态变量：这种类别的变量当进入它的函数或复合语句时才分配存储空间，一旦离开它所在的函数或复合语句，就立即释放所占的存储空间。

1．静态变量

在使用静态变量时，要注意下面 3 点。

第一，在函数多次被调用的过程中，静态局部变量只被初始化一次，并且其值具有可继承性，即前一次调用产生的结果会保留并参与下一次调用的运算中。

第二，静态变量的初始化是在编译时进行的，在定义时只能使用常量或常量表达式进行显示初始化，未初始化时，编译将它初始化为 0（数值型）或空字符（字符型）。

第三，静态局部变量的值只能在定义它的函数体内使用。

【例 7-6】分析以下程序的运行结果，理解静态变量的作用。

参考源代码为

```
/* 例 7-6, 7-6.c */
#include <stdio.h>
void  main( )
{
  void print( );
  int i = 0;
  for ( ; i < 10; i++ )
     print( );
}

 void print( )
 {
    static int st = -1;    /* st 为静态变量 */
    st++;
    printf("s = %d ", st);
 }
```

运行输出：

```
st=0   st=1   st=2   st=3   st=4   st=5   st=6   st=7   st=8   st=9
```

【思考验证】把此例中的静态变量 *st*，改为自动变量，看结果又是什么？

【融会贯通】在 add 函数中用静态变量求(0，300)内所有奇数之和，主函数已给出，请完成 add 函数。

```
void main( )
{
    int  i = 0;
    for ( ; i < 150; i++ )
        add( );  /* 函数调用求奇数和 */
}
```

2．自动变量（auto）

自动变量是 C 程序中使用最多的一种变量，因为它的创建和撤销都是由系统在程序执行过程中自动进行的，所以称为自动变量。自动变量未初始化时，它的值是不确定的。

自动变量的一般声明格式为：

```
        [ auto ]   数据类型   变量名 [= 变量| 表达式] …
```

auto 是自动变量存储类别的标识符，如果省略了 auto，系统默认此变量为自动变量。

例如，以下变量都是局部自动变量：

```
void fun( )
{
   int var1=0;
   auto char str[3];
      …
}
```

局部自动变量是在函数被执行时系统才为它分配存储空间，当函数执行完以后，此空间就被释放；在同一函数的多次调用中，自动变量的值是不保留的；即使在不同的函数中甚至是在同一个函数的不同语句块中定义了同名的自动变量，系统也会视它们为不同的变量。

3．寄存器变量（register）

寄存器变量与自动变量有相同的性质，通常把使用频率较高的变量定义为寄存器变量。寄存器变量存储在 CPU 的寄存器中，所以存取速度最快。

定义寄存器变量的格式为

```
register  数据类型   变量名 [= 变量| 表达式] …
```

Turbo C 中寄存器变量只能用于整型和字符型，并且只适用于自动变量和函数的形参。

课堂练习 3

以下程序运行后的结果是：________

```
int  fun( )
{
   auto  int  x=1;
   static  int  y=1;
   x+=2;  y+=2;
   return  x+y;
}
main( )
{
   int  a, b;
   a=fun( );  b=fun( );
   printf("%d  %d \n" , a, b );
}
```

习题

一、填空题

1. C 程序执行开始于________，结束于________。
2. 已知调用 fun 函数的语句是“fun(fun(3+4，a)，fun(b，2));”，那么 fun 函数的实参个数是：________。
3. 下面程序运行后的输出结果是：________

```
void  fun1( int   n )
{
  int  i, j, k;
  for ( i = 0 ; i <= n; i++ )
  {
    for ( j = 0; j <= 20 - i; j++ )
      printf("  ");
    for ( k = 0; k < 2 * i + 1; k++ )
      printf("*");
    printf("\n");
  }
}
 void fun2( )
 {
   int  i, j, k;
  for ( i = 0 ; i >= 0; i-- )
  {
    for ( j = 0; j <= 20 - i; j++ )
     printf("  ");
    for ( k = 0; k < 2 * i + 1; k++ )
     printf("*");
    printf("\n");
  }
}
void main( )
{
  int  n = 3;
  fun1(n);
  fun2(n);
}
```

4. 下面程序的功能是根据用户输入的利润率 *rate* 及成本价 *cost*，计算出利润 *profit* 及销售价 *sprice*，读程序并填空。

```
void  WResult( )
{
  printf("profit =%6.2f", prof);
  pritnf("sprice=%6.2f\n", price);
}
```

```
float  FProfit( float  rate ,  float  cost)
  {   return (        );   }
         (float  rate  , float  cost )
  {   return  (cost* (1+rate) ) ;  }
  void main( )
  {
     float  rate , cost , profit , sprice ;
     scanf("%f%f", &rate, &cost );
     profit=FProfit(rate , cost );
     sprice=FSPrice(rate, cost) ;
     WResult(profit, sprice );
  }
```

5. 下面程序运行后的输出结果是：________

```
void main( )
{
  int  x=16;
  printf("%d\n" , fun(x) );
}
void  fun( int  n)
{
  int  sum=0;
  while  ( n > 1 )
  {  sum = sum + sub(n / 2) ;  n /= 2;  }
  return  sum;
}
int  sub( int  n)
{  rerurn   n % 3;  }
```

6. 下面程序运行后的结果是：________

```
int  fun  ( int  n )
{
   static  int  a = 1;
   a += n;
   return  a;
}
void main( )
{
   printf("%d \n " , fun(1) + fun(3));
}
```

7. 下面程序运行后的结果是：________

```
void   myfun( ) ;
void main( )
{
   extern  char  c;
   myfun(c);
   printf("%c \n", c + 1);
}
void  myfun( char  c )
{   c -= 32 ;  }
char   c = 'a' ;
```

8. 下面程序运行后的结果是：________

```
int  fun( )
{
  static  int  x = 10;
  x += 20;
  return  x;
}
void main( )
{  int  a, b;
  a = fun( );  b = fun( );
  printf("%d  %d \n" , a, b );
}
```

二、实训题（描述算法，利用函数，编写代码，上机调试）

1. 从键盘输入一字符串，删除字符串中所有数字字符。
2. 计算 a 的倒数和 b 的倒数的和与差。
3. 用递归方法调用函数 fun(int *n*)，计算 1+2+3+4+…+n 的和。
4. 随机产生 $N\times N$ 个 100 以内的自然数，组成 $N\times N$ 矩阵，请分别写函数实现：

① 求转置矩阵（行、列互换）;

② 偶数行升序排列;

③ 奇数行降序排列;

④ 输出各行（列）的最大数;

⑤ 找鞍点数（在某行上最大而在该列上最小的数）。

第8章 指针与文件

截至目前，程序中用到的原始数据、最后结果都在内存，一旦退出 C 编译环境或断电数据就消失了，即数据不能永久保存。程序运算的对象也局限于变量的值，而不是变量的地址，限制了程序的通用性。本章的指针与文件就是解决这两个问题。

【主要内容】

指针的意义、指针与数组的关系。文件的种类、文件的各种操作方法。

【学习重点】

用指针处理数组（特别是字符型数组）。文件读写函数。

8.1 指针及其定义

1．指针的意义

先打个比方。

教室里有 100 个座位，可供 100 名学生上课，郭靖坐在 45 号座位。老师要抽郭靖回答问题，有两种方法：其一直呼其名："郭靖，请!"；其二呼座位号："45 号，请!"。这两种方法显然后者较好。因为每堂课教室里坐的学生可能不同，但座位号却是不变的。如果我们把座位号比成计算机内存单元的地址，学生则是该地址单元的值。

这其实是 C 语言存取变量（值）的两种方式：直接存取和间接存取。直呼其名属前者，呼座位号属后者。

指针是什么呢？指针就是地址。指针变量是一种专门存放其他变量在内存中的地址的特殊变量，它的值是变量的地址（而非变量的值!）。C 语言用指针可实现对数据的间接存取。

在计算机硬件系统中有两个重要的硬件：CPU 和内存。程序是在 CPU 的控制下运行的，而程序执行时需要处理的各种数据，则是被存放在内存中的。为了便于管理，内存空间被划分成若干个大小相同（1 个字节）的存储单元，并为每一个存储单元安排一个编号，这个编号被称为内存地址，如图 8-1 所示。

作为一类特殊的变量，指针就像一个指示器，它告诉程序在内存的什么地方可以找到数据。当然，数据在内存中占几个单元是由数据的类型决定的，指针指向的是相应数据在内存中存储空间的第 1 个单元的地址。因此，我们把地址叫作“指针”。存放地址的变量，称为指针变量，如图 8-1 中的 *px*、*py*、*pz* 所示。

所以，我们可以这样描述：指针变量 *px* 的值是 3001H，由它指向的连续的四个内存单元中存放的是实数 12.5。数据存放原则是“低地址存放低字节、高地址存放高字节”。

这里，请读者细加领会变量的三要素：变量的类型、变量的值、存放变量的内存地址。

计算机中的数均是用二进制表示的。不过习惯上用十六进制表示地址，用十进制表示值。

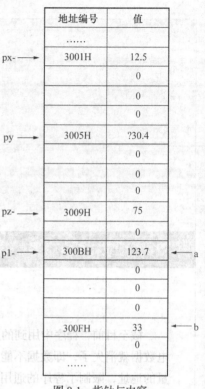

	地址编号	值	
	……		
px-→	3001H	12.5	
		0	
		0	
		0	
py →	3005H	?30.4	
		0	
		0	
		0	
pz-→	3009H	75	
		0	
p1-→	300BH	123.7	← a
		0	
		0	
		0	
	300FH	33	← b
		0	
	……		

图 8-1　指针与内容

2．指针的定义与运算

（1）指针变量的定义。

指针既然称为变量，当然应遵守变量的有关规则，如先定义后赋值再使用等。其定义格式是：

类型 *指针变量名；

如下行定义了一个浮点型指针变量 *px* 和浮点型一般变量 *a*。

```
float *px, a;
```

（2）深入理解两个运算符：*与&。

C 语言提供了专门的地址运算符&，以取变量的地址，其优先级与负号同，高于算术运算符。其格式为：

&变量名

该表达式的值就是变量的地址，因此可以这样给指针变量 *px* 赋初值：

```
px = &a;
```

这种赋值的前提是指针变量 *px* 与一般变量 *a* 的类型必须一致！

C 语言规定，不能直接将一个常数赋给指针变量（除 0 以外，因 C 规定：指针值为 0 表示该指针是空指针）。

“*”是指针运算符。在定义语句中，星号“*”声明其后的变量 *px* 为一指针（地址）变量；在非定义语句中“**px*”表示指针变量 *px* 指向的地址单元内的值。可见，“**px*”出现在定义语句和非定义语句中的含义是不一样的，这点要特别注意。

设有定义语句：

```
int a, *px = &a;
```

很显然，*(&*a*)与 *a* 等价，&(**px*)与 *px* 等价。

提示

➢ 指针变量的类型是它指向的内存单元中存放的数据的类型，而不是指针变量的值的类型。

【例 8-1】从键盘上输入圆的半径，求它的面积。本例说明了通过指针变量访问实型变量的一般方法，请注意黑体部分的写法。

参考源代码为

```
/* 例 8-1, 8-1.c */
void main( )
{
  float r, s, *pr, *ps;                          /* 定义 pr、ps 两个指针变量 */
  pr = &r;                                        /* 将 r 的地址赋给 pr */
  ps = &s;                                        /* 将 s 的地址赋给 ps */
  printf("\n 请输入半径: ");
  scanf("%f", pr);
  *ps = 3.14 * (*pr) * (*pr);
  printf("\n 该圆的面积: %.2f", *ps);          /* 输出 ps 指向内存单元的值 */
}
```

【融会贯通】从键盘上输入任意矩形的长、宽，用指针的方法求其周长和面积。

（3）指针的运算

指针变量可以进行的运算主要有算术运算、增量运算、关系运算等。设有定义：

```
int *p, *p1, *p2, a, n, v;
```

则：

$p+n$：表示 $p+n*$sizeof（指针类型），即从 p 算起，后边第 n 个数据的地址。

$p-n$：表示 $p-n*$sizeof（指针类型），即从 p 算起，前边第 n 个数据的地址。

p++, p–, ++p, –p：结果是指向下一个（或上一个）数据的地址。

当*与++、–结合时应注意其优先顺序和结合性：3 个运算符优先级相同，但结合顺序是从右向左。为避免歧义，书写时可以通过加括号予以区别。

例如：

v=*p++：等价于 v=*(p++)，即先取 p 单元值赋给变量 v，然后 p 自增 1。

v=*++p：等价于 v=*(++p)，即 p 先自增指向下一数据单元，再取该单元值赋给变量 v。

v=(*p)++：将(*p)值先赋给 v，然后(*p)的内容再增 1。

v=++(*p)：将(*p)内容增 1 后赋给 v。

像上边这种指针增量运算的书写形式，建议初学者少使用，以免出错。

$p1-p2$：两指针地址值之差 ÷sizeof(指针类型)，结果表示两个地址之间能够存放某种类型数据的个数，当然数据类型与指针的类型须一致。

由此可见，指针的数学运算并不等价于纯粹的数学运算！

指针关系运算：

$p1=p2$：将 $p2$ 地址赋给 $p1$。

$p1==p2$：两指针是否指向同一内存单元。

$p1==0$：指针是否为空。

【例 8-2】分析下列语句是否正确。

```
① int i;
  char *p = &i;      /* 错误! p 与 i 类型不同 */
② int i, *p = &i, *q;
  q = i;             /* 错误! q、i 类型不同，q 为指针变量，i 为普通整型变量 */
  q = p;             /* 正确! q、p 均是同类型的指针变量 */
③ char *p=200;      /* 错误! 不能将一个常量直接赋给指针变量 */
```

课堂练习 1

要求用指针处理：求一元二次方程 $ax^2+bx+c=0$ 的实根。

8.2 指针与数组

数组各元素是连续存放在一块内存单元中的，数组名代表这块空间的起始地址。从本章知道，指针变量的值是地址，那么数组名和指针变量可不可以联系起来呢？

答案是肯定的！在 C 语言中，指针与数组具有互换性，如果用指针操作数组将有更大的灵活性，因为数组名不能运算，而指针是可以运算的。

8.2.1 指针与一维数组

1. 指针与数值型一维数组

当用指针引用数组时，人们习惯将数组名赋给指针变量，如定义：

```
int x[ ] = { 1, 2, 3, 4, 5, 6, 7, 8, 10 }, *p;
*p = x;
```

数组各元素在内存中按地址由小到大的顺序连续存放。所以，指针 p 一旦指向了一维数组的首地址，就可以方便地通过指针的加减运算，来存取数组的各个元素。

显然，定义中的“*p = x”与“*p = &x[0]”是等价的。同时，由于指针与数组有互换性，所以 $x[i]$ 可以用 $p[i]$ 表示。

提示

> - 如果要把 $x[i]$ 元素的地址赋给 p，可以这样写：$p=x+i$ 或 $p=\&x[i]$。
> - 数组元素 $x[i]$ 的等价表示是：$p[i]$、$*(p+i)$、$*(x+i)$。

【例 8-3】输出某个一维数组中各元素的内存地址及其值。

【简要分析】输出一维数组常采用两种方法：指针法和下标法。这两种方法既可以通过数组名实现，也可以通过指针实现，共有 4 种等价引用形式。

参考源代码为

```
/* 例 8-3, 8-3.c */
void main( )
{
   int a[ ] = { 11, 12, 13, 14, 15 }, *p, i;
   p = a;
   for ( i = 0; i < 5; i++ )
      printf("\n %0x 单元: %d, %d, %d, %d", p+i, a[i], *(a+i), p[i], *(p+i) );
}
```

printf( )函数中 $p+i$ 表示元素地址，它对不同的运行环境可能不同。设 p 指向内存 2000H 单元，则该数组在内存中存放形式如图 8-2 所示。

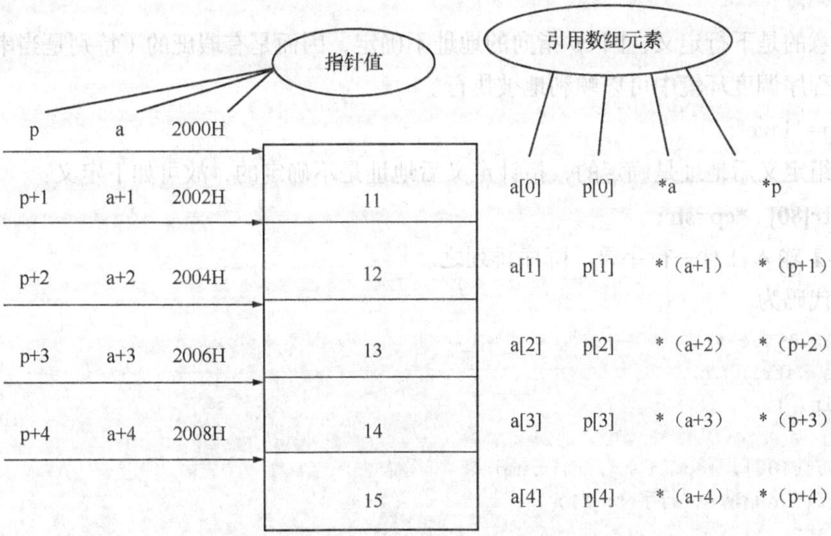

图 8-2　例 8-3 数组元素在内存中存放示意图

【思考验证】下边的代码行能逆向输出数组各元素吗？

```
void main( )
{
    int a[ ] = { 11, 12, 13, 14, 15 }, *p, i;
    p = a + 4;  /* 欲指向 a 数组最后一个元素 */
    for ( i = 4; i >= 0; i-- )
       printf("\n %0x 单元: %d, %d, %d, %d", p--, a[i], *(a+i), p[i], *(p+i) );
}
```

因 a 数组的元素个数可以这样计算：sizeof(a) / sizeof(int)，所以本例可演变如下：

```
void main( )
{
    int a[ ] = { 11, 12, 13, 14, 15 }, *p, i, n;
    n = sizeof(a) / sizeof(int);
    p = a ;  /* 欲指向 a 数组最后一个元素 */
    for ( i = 0; i < n; i++ )
    printf("\n %0x 单元: %d, %d, %d, %d", p+i, a[i], *(a+i), p[i], *(p+i) )
}
```

【融会贯通】试用指针的方法，随机产生 N 个 1000 以内的自然数，放于一维数组中，并输出。

2．指针与字符型一维数组

从前边章节知，C 语言是将字符串作为数组对待的。因此，我们也可用字符型的指针变量指向字符串，然后通过指针变量来访问字符串存储区域里的各个字符。

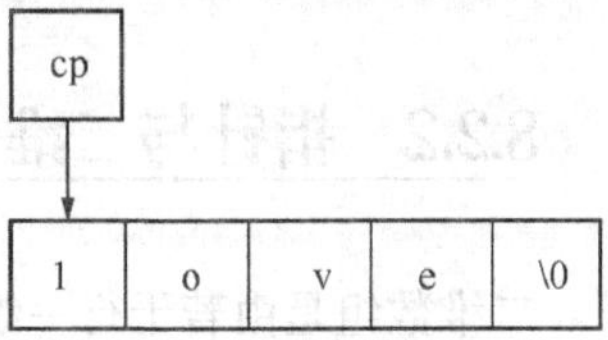

图 8-3　指针与字符串

设有如下语句：

```
char *cp, str[80] = "love";
cp = str;
```

则 *cp* 指向字符串常量 “love” 的首字符 “l”，如图 8-3 所示。

程序中可通过 *cp* 来访问这一存储区域，第 *i* 个字符可表示成 *cp*[*i*]或*(*cp*+*i*)。如*(*cp*+2)或 *cp*[2]，都是字符 “v”。

需要注意的是下行定义，因 *cp* 指向的地址不确定，因而是有瑕疵的（特别是当串较长时），尽管在某些程序调度环境中可以顺利地被执行。

char *cp= "love";

因为数组定义后地址是确定的，指针定义后地址是不确定的，故可如下定义：

char *str[80] , *cp=str;

【例 8-4】输入任意一行字符，降序排列之。

参考源代码为

```
/* 例 8-4, 8-4.c */
#include <string.h>
void main( )
{
   char str[80], *cp, i, j, n, temp;
   printf("\n 请输入一行字符: ");
   cp = str;
gets(cp);
   n = strlen(cp);
   for ( i = 0; i < n-1; i++ )
      for ( j = i + 1; j < n; j++ )
         if (*(cp + j) > *( cp + i) )
         {
            temp = *(cp + j) ;
            *(cp + j) = *(cp +i) ;
            *(cp + i) = temp ;
         }
   printf("\n 排序结果是: ");
   puts(cp);
}
```

运行输出：

```
请输入一行字符：ShanghaiBeijing2008
排序结果是：nnjiiihhggeaaSB8200
```

【思考验证】试用指针的下标表示法改写本例。

【融会贯通】用指针方法判断从键盘上输入的一行字符是否是对称的。对称字符串如 “abcdcba”。

8.2.2　指针与二维数组

二维数组是由若干行一维数组组成的。怎样用指针表示二维数组每一行的起始地址是正确使用指针处理二维数组的关键所在。

以如下定义为例，分析用指针访问二维数组的方法。

```
int a[2][3] = { {1, 2, 3}, {4, 5, 6} }, *p = a;
```

a 为二维数组名，此数组有 2 行 3 列，但也可这样来理解：数组 *a* 由两个元素组成：{1，2，

3}和{4，5，6}，这两个元素各为一个一维数组,该一维数组的名字分别为 *a*[0]和 *a*[1]，如图 8-4 所示，这称为二维数组的一维数组表示。

进一步理解：从二维数组的角度来看，*a* 代表二维数组的首地址，当然也可看成是二维数组第 0 行的首地址；*a*+1 代表第 1 行的首地址。如果此二维数组的首地址为 1000，由于第 0 行有 3 个整型元素，所以 *a*+1 为 1006，如图 8-5 所示。

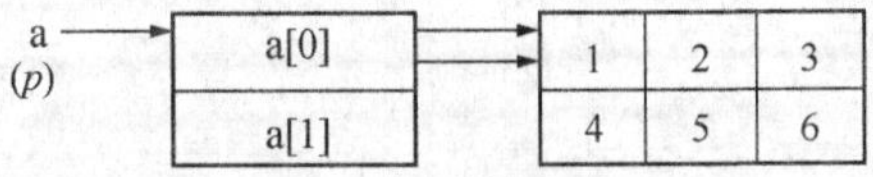

图 8-4　二维数组的指针表示

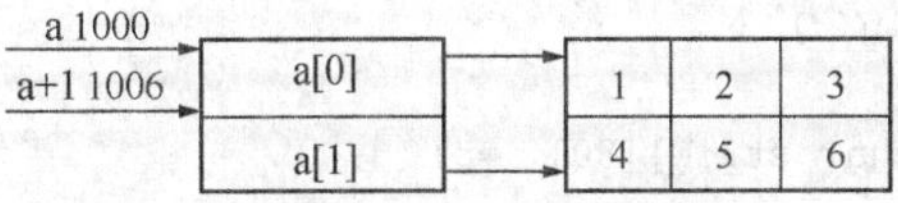

图 8-5　二维数组的指针表

既然 *a*[0]、*a*[1]是一维数组名，则 *a*[0]代表第 0 行第 0 列元素的地址&*a*[0][0]，*a*[1]代表第 1 行第 0 列元素的地址&a[1][0]。根据地址运算规则，一般而言，*a*[*i*]+*j* 即代表第 *i* 行第 *j* 列元素的地址，即&*a*[*i*][*j*]。

下面一段代码输出二维数组 *a*[*N*][*M*]：

```
int a[N][M], i, *p;
...
printf("\n");
for ( i = 0; i < N; i++ )
{
    for ( p = a[i]; p < a[i] + M; p++)
        printf("%d\t", *p);
        printf("\n");
}
```

提示

➢ *a*[*i*][*j*]、*(*a*[*i*]+*j*)、(*(*a*+*i*))[*j*]是二维数组元素的等价表示形式！

【例 8-5】对 N 行字符按如下规则加密：如果是英文字母则大写变小写、小写变大写，并且 a→c、b→d、…、x→z、y→a、z→b；对非英文字符则保持不变。试写加密程序。

【简要分析】本例牵涉多个条件的判断，如果组织不好，会增加多条语句。为此，先对每行字符令指针变量 *p* 指向行首，然后利用 *p* 的变化处理完该行所有字符。*i* 作循环控制变量，控制 N 行字符。用自然语言描述的程序逻辑如下：

① 设置环境，定义 *i* 和 *p*；

② 输入 *N* 行字符存于数组 *str*[*N*][80]中；

③ *i*=0；

④ *i*<*N*？是则转⑤，否则转⑨；

⑤ 将第 *i* 行地址赋给指针 *p*，即 *p*=*str*[*i*]；

⑥ 第 *i* 行还没有加密到行尾？若是则转⑦，否则转⑧；

⑦ 根据题目要求，对当前字符加密，并指向下一字符，转⑥；

⑧ *i* 自增 1，转④；

⑨ 输出加密后的 *str* 数组；

⑩ 结束。

参考源代码为

```
/* 例 8-5，8-5.c */
#include <conio.h>
#include <string.h>
#include <ctype.h>
#define N 5
main( )
{
  char str[N][80], *p;
  int i;
  clrscr( );
  for ( i = 0; i < N; i++ )
  {
     printf("请输入%d 行英文: ", i + 1);
     gets(str[i]);
  }
  for ( i = 0; i < N; i++ )
  {
     for ( p = str[i]; *p != '\0'; p++ )
       if ( isalpha(*p ) )
          if ( isupper(*p) )          /* 是大写字母？ */
          {
            *p = *p + 32;
            if (*p == 'y' )  *p = 'a';
            else if (*p == 'z' )  *p = 'b';
                 else  *p += 2;
          }
          else if ( islower(*p) )                /* 是小写字母？ */
          {
            *p = *p - 32;
            if (*p == 'Y' )  *p = 'A';
            else if (*p == 'Z' )  *p = 'B';
                 else  *p += 2;
          }
  }
  for ( i = 0; i < N; i++ )
     puts(str[i]);
}
```

【融会贯通】 试写一个解密程序，将本例还原成明文。

课堂练习 2

用指针实现：有 $N \times M$ 个士兵排成 N 行 M 列，找出这样的士兵（即指出他的位置），他的年龄在他站的那一行及那一列均是最小的（原始数据，键盘输入）。

8.3 C 文件概述

所谓文件，是指一组相关数据的有序集合。这个集合有一个名称，叫作文件名。文件通常是驻留在外存，只有使用时才调入内存。操作系统管理文件的原则是按名存取。

很多 Windows 环境下的应用程序（如记事本、写字板、Word 文档），使用“文件”菜单下的“打开”子菜单，就是将文件从外存（如硬盘、U 盘）读入内存；使用“保存”或“另存为”子菜单，则是将内存中的数据以文件形式写到外存。

1．文件的 4 种分类

（1）从用户的角度分。从用户角度，文件可分为普通文件和设备文件两种。普通文件是指驻留在磁盘或其他外部介质上的一个有序数据集；设备文件是指与主机相连的各种外部设备，如显示器、打印机、键盘等。

通常把显示器定义为标准输出文件，将文件内容在屏幕上显示，就属于往标准输出文件上写这种情况，像前面经常使用的 printf( )、putchar( )等函数可完成该类功能。

键盘通常被指定为标准输入文件，从键盘上输入就意味着从标准输入文件读入数据，scanf( )、getchar( )等函数完成这类输入。

（2）从文件的功能分。按功能，文件分为程序文件和数据文件，前者又可分为源程序文件、目标文件和可执行文件。

（3）从数据的组织形式分。按数据的组织形式，文件分为顺序存取文件和随机存取文件。

（4）从文件的存储形式分。按文件存储形式，文件可分为 ASCII 码文件和二进制文件。

ASCII 码文件：每 1 个字节存储 1 个字符，因而便于对字符进行逐个处理。但一般占用存储空间较多，而且要花费转换时间（二进制与 ASCII 码之间的转换）。

二进制文件：内存中的数据原样存储到磁盘文件中。虽然可以节省存储空间和转换时间，但 1 个字节并不对应 1 个字符，不能直接输出字符形式。

C 语言对文件的操作一般分为以下 4 步。

- 定义文件指针；
- 以某种方式打开文件；
- 对文件进行读/写操作；
- 关闭文件。

2．文件的定义与打开

C 语言对文件的操作是通过文件指针和一系列文件操作函数完成的。

文件指针是一类特殊的指针，类型是 FILE，其定义包含在 stdio.h 头文件中。文件指针用于存取文件的内容。

对文件操作前必须先要打开文件，C 语言提供 fopen( )函数来打开一个文件。文件刚被打开时，文件指针指向该文件内容的起始位置。

文件指针的定义、打开文件的一般格式是：

```
FILE  fp;
文件指针名 = fopen(文件名, "使用文件方式");
```

例如：

```
FILE *fp;
fp = fopen("file1.txt", "r");
```

其意义是以只读的方式打开当前目录下名为 file1.txt 的文件，并使 *fp* 指向该文件。

又如：

```
FILE *fphzk;
fphzk = fopen("c:\\hzk16", "rb");
```

其意义是打开 C 盘根目录下的文件 hzk16，这是一个二进制文件，只允许按二进制方式进行读操作。两个反斜线“\\”中的第一个表示转义字符，第二个表示根目录。

格式中的“文件名”是指被建立或打开的文件名称，它可以是字符串常量或字符串数组名；“文件使用方式”是指由文件内容（文本文件、二进制文件）决定的文件的操作方法。C 语言对文件的操作方式共有 12 种，分为三大类：读数据、写数据、追加数据，如表 8-1 所示。

表 8-1　文件操作方式

使用方式		意义
文本文件 单一操作	r	以只读方式打开一个文本文件，只允许读数据
	w	以只写方式打开或建立一个文本文件，只允许写数据
	a	以追加方式打开一个文本文件，并在文件末尾写数据
二进制文件 单一操作	rb	以只读方式打开一个二进制文件，只允许读数据
	wb	以只写方式打开或建立一个二进制文件，只允许写数据
	ab	以追加方式打开一个二进制文件，并在文件末尾写数据
文本文件 读/写操作	r+	以读/写方式打开一个文本文件
	w+	以读/写方式建立一个文本文件
	a+	以读/写方式打开一个文本文件
二进制文件 读/写操作	rb+	以读/写方式打开一个二进制文件
	wb+	以读/写方式建立一个二进制文件
	ab+	以读/写方式打开一个二进制文件

几点说明如下。

① 文件使用方式由 r、w、a、b、+五个字符组成，各字符的含义如下。

字符	作用
r：	读文件
w：	写文件
a：	在文件尾部追加数据
b：	二进制文件
+：	打开后可同时读写数据

② 凡用“r”方式打开的文件，该文件必须已经存在，且只能从该文件读出数据。

③ 凡用“w”方式打开的文件，只能向该文件写入。若打开的文件不存在，则以指定的文件名新建该文件，若打开的文件已经存在，则写入的内容覆盖该文件。

④ 若要向一个已存在的文件追加新的信息，只能用“a”方式打开文件。此时该文件必须是存在的，否则将会出错。

⑤ 在打开一个文件时，如果出错，fopen( )函数将返回一个空指针值 NULL。在程序中用它来判别文件是否打开。NULL 是个符号常量，已在 stdio.h 中被定义成 0。

因此常用以下程序段打开文件：

```
fp = fopen("c:\\hzk16", "rb");
if ( fp == NULL )
{
    printf("\nError on open c:\\hzk16 file!");
    getch( );
    exit(1);
}
```

这段代码的含义是，如果指针返回空值，表示不能打开 hzk16 文件，并给出提示信息“error on open c:\ hzk16 file!”，其原因一般是文件路径或文件名写错了。

⑥ 将文件中所有字符逐一读入内存，常用如下 while 循环实现：

```
while ( !feof(fp) )
{
   ch = fgetc(fp);
   …
}
```

feof( )是文件结束函数，当文件指针指到文件结束符时，函数值为 1，否则值为 0。文件结束符对应的符号常量是 EOF，它在头文件 stdio.h 中被定义为-1。故上边的循环又可写成如下形式：

```
while ( (ch = fgetc(fp)) != EOF )
{
   …
}
```

⑦ 对文件读/写一个字符时，文件指针会自动增 1，指向下一个字符（或位置）。

3. 文件的关闭

文件一旦使用完毕，须关闭文件。关闭文件的作用之一是将缓冲区中的数据存盘，这样数据才不丢失。C 语言中，关闭文件的函数是 fclose( )。

fclose 函数调用的一般形式是：

```
fclose(文件指针);
```

例如：

```
fclose(fp);
```

正常完成关闭文件操作时，fclose 函数返回值为 0。如返回非零值则表示有错误发生。一个关闭语句只能关闭一个文件。

8.4 文件的读/写

读文件是将文件中的数据从磁盘读入内存，写文件是将内存中的数据保存到磁盘文件。读文件和写文件是一对相反的操作，数据只有读入内存赋给内存变量，才能使用 C 语言丰富的语句对其进行各种加工处理；数据也只有写入文件，才能长期保存。

C 语言对文件的读/写是通过函数来实现的，这些函数之间的关系如图 8-6 所示。

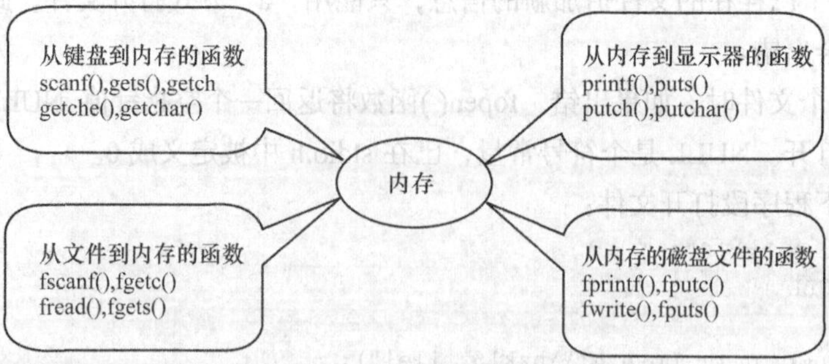

图 8-6　C 语言的文件操作函数

1．字符与字符串读/写函数

字符及字符串的读/写函数常用的有 4 个：fgetc、fputc、fgets 和 fputs。

设有如下定义，则字符与字符串读/写函数的功能及使用方法如表 8-2 所示。

```
char ch, str[80];
```

表 8-2　　字符与字符串读/写函数

函数名	功能	格式	返回值
fgetc( )	从 *fp* 指向的文件中读取一个字符赋给内存变量 *ch*	*ch* = fgetc(*fp*);	成功返回 0 否则返回非 0
fputc( )	将内存变量 *ch* 的值写入 *fp* 指向的文件	fputc(*fp*,*ch*);	
fgets( )	从 *fp* 指向的文件中读取 *n*−1 个字符赋给内存数组 *str*	fgets(*str*,*n*,*fp*);	
fputs( )	将内存数组 *str* 的值写入 *fp* 指向的文件	fputs(*str*,*fp*);	

说明：*fp* – 文件指针；*ch* – 字符变量；*n* – 一次读写的字符数

【例 8-6】从键盘上输入若干个字符，逐个将其存入文件“c:\myfile-1.txt”中，直到遇到输入的字符是“ # ”号为止。

【简要分析】C 盘上的文件 myfile-1.txt 以前是不存在的，它是运行程序时新创建的，故文件使用方式应选择写方式“w”。根据文件操作的一般步骤，用 N-S 流程图描述的程序逻辑如图 8-7 所示。

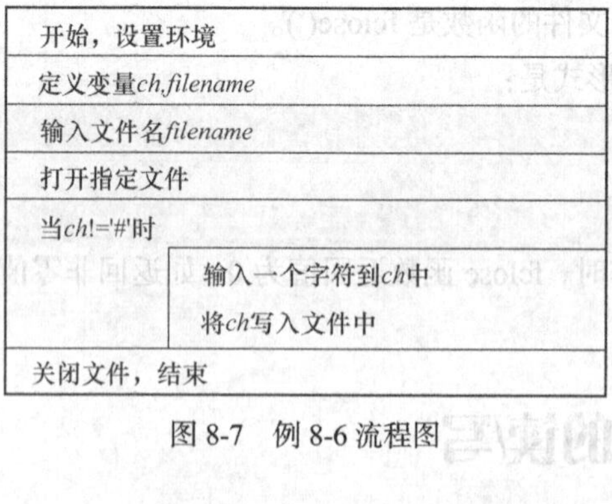

图 8-7　例 8-6 流程图

参考源代码为

```
/*例 8-6, 8-6.c*/
#include<stdio.h>
void main( )
{
   FILE *fp;
```

```
    char ch;
    fp = fopen("c:\\myfile-1.txt", "w");          /*打开文件，两个斜杠*/
    ch = getchar( );                              /*输入一个字符*/
    while ( ch != '#' )
    {
        fputc(ch, fp);                            /*写一个字符到文件*/
        putchar(ch);                              /*将字符输出到屏幕上*/
        ch = getchar( );                          /*输入一个字符*/
    }
    fclose(fp);                                   /*关闭文件*/
}
```

【思考验证】如果将本例改为“输入一行英文（以回车结束）”或“输入 N 个字符”，程序应该怎样修改？

本例“putchar(ch);”语句是可以省略的，因为它的作用是在屏幕上显示文件内容。程序调试后，应该在“资源管理器”中查找 C 盘是否有“myfile-1.txt”文件生成，如果有，再打开它看看是不是刚才从键盘输入的那些字符。

【例 8-7】文本文件复制。

【简要分析】将甲文件的内容以字节为单位逐个读出写到乙文件中，说明甲文件已经存在，故甲文件应选择读方式“r”，而乙文件是被新创建的，所以应选择写方式“w”。这两个文件的指针是不能同名的。用 N-S 流程图描述的程序逻辑如图 8-8 所示。

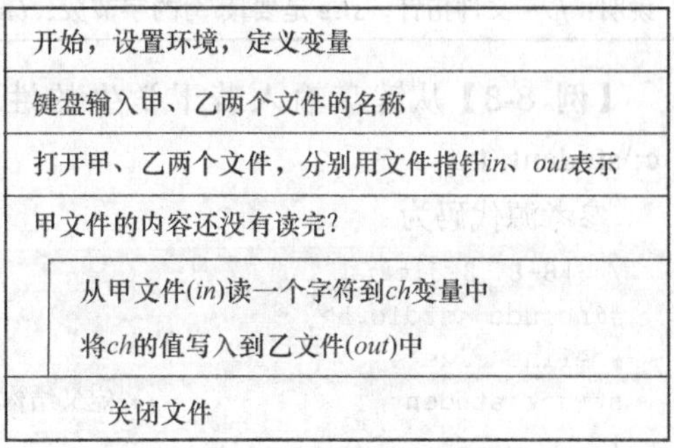

图 8-8　例 8-7 流程图

参考源代码为

```
/*例 8-7, 8-7.c*/
#include <stdio.h>
void main( )
{
    FILE *in, *out;
    char ch, infilename[10], outfilename[10];
    printf("\n 请输入甲文件名: ");
    scanf("%s", infilename);
    in = fopen(infilename, "r");              /* 打开输入文件 */
    printf("请输入乙文件名: ");
    scanf("%s", outfilename);
    out = fopen(outfilename, "w");            /* 打开输出文件 */
    if ( in == NULL || out == NULL)           /* 检查输入文件是否存在 */
    {
        printf("文件打不开，按任意键退出! ");
        getch( );
        exit(0);
    }
    while ( (ch = fgetc(in) ) != EOF )
    {
        putch(ch);                    /* 将甲文件内容显示在屏幕上 */
        fputc(ch, out);               /* 从 infilename 文件读入一个字符写入 outfilename 文件 */
```

```
    }
    fclose(in);
    fclose(out);
    getch( );
}
```

2. 数据块读/写函数

数据块的读/写函数有两个：fread( )和 fwrite( )，它们读/写文件数据的基本单位是数据块，其功能及使用方法如表 8-3 所示。

表 8-3　　fread( )、fwrite( )函数格式与功能

函数名	功能	格式
fread( )	从文件中读一数据块	fread(*buffer*,*size*,*count*,*fp*);
fwrite( )	将一个数据块写到文件中	fwrite(*buffer*,*size*, *count*, *fp*);
说明：*fp*－文件指针，*size* 是要读/写的字节数，*buffer* 是指针，它指明了数据存放的地址		

【例 8-8】从键盘输入若干学生的姓名、学号、年龄和地址，把它们存到磁盘文件"c:\student. txt"中。

参考源代码为

```
/*例 8-8, 8-8.c*/
#include <stdio.h>
#define size 4
struct student                      /* 定义结构 */
{
    char name[20];
    int num ;
    int age ;
    char addr[20];
} stud[size];                       /* 定义结构数组 */
void save( )                        /* 写文件函数 */
{
    FILE *fp ;
    int i ;
    if ( ( fp = fopen("c:\\student.txt", "wb") ) == NULL )   /* 打开文件 */
    {
        printf("\n 不能打开文件错误 !");
        exit(0);
    }
    for ( i = 0; i < size; i++ )
        fwrite(&stud[i], sizeof(struct student), 1, fp) ;   /* 写文件 */
    fclose(fp);
}

void main( )
{
    int i ;
    for ( i = 0; i < size; i++ )        /* 输入信息到结构数组 */
        scanf("%s%d%d%s", stud[i].name, &stud[i].num, &stud[i].age, stud[i].addr);
    save( );
}
```

【思考验证】在 save( )函数内能否不用循环，一次性将结构数组写盘呢?

【例 8-9】将例 8-8 建立的文件 c:\student.txt 内容读出，显示在屏幕上。

参考源代码为

```
/* 例 8-9, 8-9.c */
#include <stdio.h>
#define SIZE 4
struct student
{
   char name[20];
   int num ;
   int age ;
   char addr[20];
}stud[SIZE];

void main( )
{
      int i ;
      FILE *fp;
      fp = fopen("c:\\student.txt", "rb");
      for ( i = 0; i < SIZE; i++ )
      {
         fread(&stud[i],sizeof(struct student),1,fp);
         printf("%s%d%d%s", stud[i].name, &stud[i].num, &stud[i].age, stud[i].addr);
   }
}
```

运行输出：

```
na1,001,21,ad1
na2,002,22,ad2
na3,003,23,ad3
na4,004,24,ad4
```

3．格式化读/写函数

格式化读/写函数有两个：fscanf( )和 fprintf( )，它们的功能与 scanf( )和 printf( )函数的功能相似，差别只有一点，那就是前者读/写的对象是磁盘文件，而后者操作的对象是键盘和屏幕。其功能及格式见表 8-4。

表 8-4　　fscanf( )、fprintf( )函数格式及功能

函数名	功能	格式
fscanf( )	从文件中读取格式化数据	fscanf (*fp*，格式字符串，输入列表);
fprintf( )	向文件中写入格式化数据	fprintf (*fp*，格式字符串，输出列表);

说明：*fp* – 文件指针

如语句：

```
fprintf(fp,"%d%6.2f", 3, 4.5);
```

将 3 和 4.5 写入 *fp* 指向的文件中。而语句：

```
fscanf(fp, "%d%f", &n, &f);
```

是将文件中的数据读出，并依次赋给内存变量 *n* 和 *f*。

【例 8-10】读取文件“c:\cj.dat”中的数据，计算出每行的总和，并将原有数据和计算出的总和数存放在磁盘文件“c:\stud.txt”中。设文件“cj.dat”中的数据格式如下：

```
63.000000 97, 000000 99, 000000
91.000000 90, 000000 85, 000000
64.000000 99, 000000 92, 000000
87.000000 96, 000000 88, 000000
60.000000 78, 000000 96, 000000
60.000000 72, 000000 82, 000000
67.000000 95,.000000 96, 000000
```

参考源代码为

```c
/* 例 8-10, 8-10.c */
#include <stdio.h>
void main( )
{
    FILE *fp1, *fp2 ;
    float x, y, z ;
    fp1 = fopen("c:\\cj.dat", "r");
    fp2 = fopen("c:\\stud.txt", "w");
    if ( fp1 == NULL || fp2 == NULL )
    {
        printf("\n不能打开文件!");
        getch( );
        exit(0);
    }
    while ( ! feof(fp1) )
    {
        fscanf(fp1, "%f%f%f", &x, &y, &z);
        printf("%f,%f,%f,%f\n", x, y, z, x+y+z);
        fprintf(fp2,"%f,%f,%f,%f\n", x, y, z, x+y+z);
    }
    fclose(fp1);
    fclose(fp2);
    getch( );
}
```

运行输出：

```
96.000000,80.000000,82.000000,258.000000
90.000000,86.000000,97.000000,273.000000
95.000000,95.000000,88.000000,278.000000
76.000000,74.000000,98.000000,248.000000
76.000000,74.000000,98.000000,248.000000
```

提示

从功能角度来说，fread( )和 fwrite( )函数可以完成任何文件的数据读／写操作。但为方便起见，选用其他函数的原则参考如下：

- 读/写 1 个字符（或字节）数据时，选用 fgetc( )和 fputc( )函数；
- 读/写 1 个字符串时，选用 fgets( )和 fputs( )函数；
- 读/写 1 个（或多个）不含格式的数据时，选用 fread( )和 fwrite( )函数；
- 读/写 1 个（或多个）含格式的数据时，选用 fscanf( )和 fprintf( )函数。

4．文件定位

文件的顺序读/写方式虽然简单，但速度慢，不灵活。比如，从 10000 个姓名中查找某一个姓名，即使这些姓名已排好序，按前边的方法也只能从第 1 个姓名开始逐一比较，这显然太费时间。C 语言提供了两个函数 rewind( )、fseek( )，可以用来灵活定位文件指针，使文件指针方便地指向文件的任意位置，从而实现对文件内容的随机读/写。

（1）rewind( )函数。

该函数使文件指针直接指向文件头部，格式是：

```
rewind(文件指针);
```

（2）fseek( )函数。

该函数相对某起始点改变文件指针的位置，格式是：

```
fseek(文件指针,位移量,起始点);
```

其中，位移量指文件指针相对移动的字节数，必须是长整数；起始点指文件指针相对移动时的位置，它的取值有 3 种情况，如表 8-5 所示。

表 8-5　起始点定义表

起始点	定义符	定义值
文件首	SEEK_SET	0
当前位置	SEEK_CUR	1
文件尾	SEEK_END	2

【例 8-11】C:\file.txt 文件内容是一篇英文，先将原文显示在屏幕上，然后再将原文的第偶数个字符读出显示在屏幕上。

【简要分析】C:\file.txt 是文本文件，故打开方式选择“r”。当第一次读出文件内容显示在屏幕上时，文件指针已指到了文件末尾，这时需用 rewind( )重新将文件指针指到文件首。第二次读取第偶数个字符，可以在每次读取字符后用 fseek( )函数，以便将文件指针向后相对移动 2 个字节。

用自然语言描述的程序逻辑如下：

① 设置环境，定义变量；

② 打开文件，给文件指针 *fp* 赋值；

③ 显示源文件内容；

④ 文件指针 *fp* 重新定位到文件首；

⑤ 文件指针 *fp* 后移 1 个位置；

⑥ *fp* 还没指到文末吗？是则转⑦，否则转⑨；

⑦ 读取一个字符到内在变量 *ch* 中，并显示；

⑧ 文件指针 *fp* 后移 1 个位置，转⑥；

⑨ 关闭文件，结束。

参考源代码为

```
/* 例 8-11, 8-11.c */
#include <stdio.h>
#include <conio.h>
#include <ctype.h>
void main( )
{
```

```
    FILE *fp;
    char ch;
    if ( ( fp = fopen("c:\\flie.txt", "r") ) == NULL ) /*打开文件*/
    {
      printf("\n 不能打开文件错误 !");
       exit(0);
    }
    clrscr( );
    while ( ! feof(fp) )
    {
       ch = fgetc(fp); putchar(ch);
     }
     rewind(fp);                           /* 文件指针回到文首 */
     printf("\n\n 原文中第偶数个字符如下: \n");
     fseek(fp, 1L, SEEK_CUR);             /* 文件指针相对后移 */
     while ( ! feof(fp) )
     {
       ch = fgetc(fp); putchar(ch);
       fseek(fp, 1L, SEEK_CUR);
     }
     fclose(fp);
}
```

【融会贯通】c:\file.txt 文件内容是一篇英文，先将原文显示在屏幕上，然后再将原文按相反的顺序读出显示在屏幕上。

课堂练习 3

编写一个程序，将你班每个同学的“学号、姓名、性别、年龄”4 项数据存入文件“txl.txt”中。

习题

一、选择题

1. 系统的标准输入文件是指________。

A. 键盘　　B. 显示器　　C. 软盘　　D. 硬盘

2. 若执行 fopen 函数时发生错误，则函数的返回值是________。

A. 地址值　　B. 0　　C. 1　　D. EOF

3. 若要用 fopen 函数打开一个新的二进制文件，该文件要既能读也能写，则文件方式字符串应是________。

A. ab+　　B. wb+　　C. rb+　　D. ab

4. fgetc 函数的作用是从指定文件读入一个字符，该文件的打开方式必须是________。

A. 只写　　B. 追加　　C. 读或读写　　D. 答案 B 和 C 都正确

5. 函数调用语句：fseek(fp,−20L,2)；的含义是________。

A. 将文件位置指针移到距离文件头 20 个字节处

B. 将文件位置指针从当前位置向后移动 20 个字节

C. 将文件位置指针从文件末尾处后退 20 个字节

D. 将文件位置指针移到离当前位置 20 个字节处

6. 利用 fseek 函数可实现的操作为________。

A. fseek（文件类型指针，起始点，位移量）

B. fseek（*fp*，位移量，起始点）

C. fseek（位移量，起始点，*fp*）

D. fseek（起始点,位移量，文件类型指针）

7. 在执行 fopen 函数时，ferror 函数的初值是________。

A. TURE　　B. −1　　C. 1　　D. 0

二、编程题（画流程图，编写代码，上机调试）

1. 编写程序，建立 phone.txt 文件，由键盘输入 5 个人的姓名、手机号码、家庭电话号码和地址数据，写入到 phone.txt 文件中。

2. 编程删除磁盘文件（*.txt，文件名由键盘输入）中的空行。

3. 文件加密。编写函数 ReadDat( )实现从文件 source.in 中读取一篇英文文章，存入到字符串数组 *xx* 中；函数 ReplaceChar( )，按给定的替代关系对数组 *xx* 中的所有字符进行替代，结果仍存入数组 *xx* 的对应的位置上；最后调用函数 WriteDat( )把结果 *xx* 输出到文件 relust.dat 中（原始数据文件存放的格式是每行的宽度均小于 80 个字符）。

替代关系：$f(p)=p*11\%256$（p 是数组中某一个字符的 ASCII 值，$f(p)$是计算后新字符的 ASCII 值），如果原字符的 ASCII 值是偶数或计算后$f(p)$值小于等于 32，则该字符不变，否则将$f(p)$所对应的字符进行替代。

第9章 结构与枚举类型

C 语言的数据类型有基本数据类型和构造数据类型，在第 6 章学习了数组，把有限个相同类型数据作为一个变量进行整体操作，这是数组的方便之处。但是，用数组并不能够解决所有问题。譬如：一种商品，有商品代码、商品名称、产地、生产日期、单价等信息，而以前所介绍的数据类型中没有一种类型能够表示商品的这些属性。为此，C 语言引入了结构类型数据。

【主要内容】

结构体的概念、结构体的定义、初始化、结构体变量的引用、结构体数组的运用，学会使用结构体类型的数据解决实际问题。了解枚举类型。

【学习重点】

结构数组。

9.1 结构体变量

超市购物，当我们付账以后收银台会打印一张购物单，上面显示了购买的商品名称、数量、单价、总价、所付现金数额、找回现金数额等。假如我们利用数组等来给超市编写一个收银管理系统，那么就需定义若干个数组及变量，这非常烦琐。为了使类似的问题处理更简单，C 语言提供了一种方法让程序员自己定义数据类型，这就是“结构体”。这样在一定程度上降低了算法的复杂度，方便了程序员编程。

9.1.1 结构体规则

1. 结构体类型的定义

结构体是一种新数据类型，属构造类型，它由若干类型各异的“成员”组成，描述这些“成员”可以使用任何基本数据类型，甚至也可以是另外一种构造数据类型。

其实，从本书开篇，就在定义变量，下边的语句读者已经习以为常了：

```
int  i;
```

这里，用整数类型去定义了一个变量 *i*，之所以能这样，是因为 int 类型是基本类型，C 语言系统已经定义好了的。而结构类型是程序员自己定义的，是对 C 语言基本数据类型的扩充，可以理解为是程序员发明的，所以“要定义结构类型的变量，必须先定义结构类型本身”就是顺理成章的事了。

区别结构体名、结构变量名，掌握通过结构变量访问其成员的方法，是学好本章的关键。

打个比方，我们定义一种结构类型（person）描述青年，青年由几个基本属性（即成员）决定（*name*，*color*，*sex*，*age* 等），显然描述这些属性只需要用到基本数据类型就够了。我们可以用这个结构类型 person 去定义一个具体的青年人 *zhangshan*，*zhangshan* 就被称为是结构变量名。如果有 100 个青年人组成了班，那么我们可以把他们定义为一个数组 *class_one*[100]，该数组称为结构数组。

每一种具有不同成员的结构体就是一个新的数据类型，所以，在说明和使用结构体之前必须作结构类型的定义。定义结构类型使用关键字“struct”。

下面几行定义了结构体名为 person 的结构体类型，并用该类型定义结构变量 *zhangshan* 和结构数组 *class_one*[100]：

```
struct person
{
   char name[20];          /* 定义姓名 */
   char color[10];         /* 定义肤色 */
   char sex[2];            /* 定义性别 */
   int age;                /* 定义年龄 */
};                         /* 注意这里有分号 */
struct person zhangshan, class_one[100];
```

现在，再定义一个商品结构类型 goods，设商品包含属性有：商品名、商品代码、厂商、单价、质量。把相同类型的成员定义在一行，goods 可定义如下：

```
struct  goods
{
  char goodsname[15], goodcode[15], companyname[30] ;
float price, weight ;
} ;
```

这里，struct 是结构体的关键字，goods 是结构体名，花括号内的所有变量是这个结构体的成员。这种写法虽然节省了程序行，但降低了可读性，故建议初学者不这样写。

综上，结构体类型简称为结构类型，其定义格式为

```
struct  <结构体名>
{
   类型 成员 1;
   类型 成员 2;
   …
};
```

2. 结构体类型变量的定义

结构体变量简称为结构变量，它由结构类型定义，有三种定义方法。下面以定义结构类型 *book* 和结构变量 *mybook*、*storybook* 为例说明之。

（1）先定义结构类型，再定义结构变量。

```
struct book     /*  定义结构体类型 */
{
 char bookname[20];
 float price;
 char publisher[20];
 char author[10];
} ;
struct book mybook, storybook;
```

用这种方法定义结构变量，是最常用的方法，但须注意不能省略关键字“struct”。还可以在定义结构变量的同时给它的成员赋初值。例如：

```
struct book     /*  定义结构体类型 */
{
 char bookname[20];
 float price;
 char publisher[20];
 char author[10];
} ;
struct book mybook = { "maths", 24.7, "邮电社", "zhao" }, storybook;
```

则 *mybook* 变量的 *price* = 24.7。

（2）定义结构类型的同时定义结构变量。

```
struct book     /*  定义结构体类型 */
{
 char bookname[20];
 float price;
 char publisher[20];
 char author[10];
} mybook, storybook;
```

（3）不定义结构体名，直接定义结构变量。

```
struct          /*  不定义结构体名 */
{
 char bookname[20];
 float price;
 char publisher[20];
 char author[10];
} mybook, storybook;
```

需要说明的是，当某结构类型的成员又是另外一个结构类型时，称嵌套定义，其定义方法如下：

```
struct brith_date
{
 int  month ;
 int  day ;
 int  year ;
} ;
struct
{
 char name[10] ;
 char address[30];
 char tel[12];
 int age;
 struct birth_date date;
 char sex[3];
} student_01, employee;
```

此例直接定义了 *student*_01 和 *employee* 两个变量，但是没有定义此结构体的名字，因此不能再定义与 *student*_01 和 *employee* 同类的其他结构变量了！比如再有下行定义是错误的：

```
struct boy, girl;
```

提示

➢ 成员名可以与程序中的其他变量名相同，两者有不同的从属关系，系统并不会混淆。

➢ 结构体类型是抽象的，它仅告诉系统这个类型由哪些类型的成员构成，它并不占内存空间；结构体变量是具体的，它占有一片连续的内存空间，空间大小是所有成员变量所占的字节数的总和。

➢ 编程时，常用"sizeof（struct 结构名 结构变量名）"计算得出结构变量所占内存字节数。

3．访问结构体变量成员的方法

之所以引入结构体，是为了使用结构变量可以让复杂问题简单化。但结构体仅仅是一种数据类型而已，结构体变量也仅仅是变量的一种形式，一切操作都是针对结构体变量的成员进行的。

对结构体成员的访问要用成员运算符"·"，它反映的是成员与结构变量之间的对应关系。成员运算符虽然写法同小数点，但是完全没有小数点的含义。在 C 运算符中，它的优先级最高。

仍以结构变量 *employee* 为例，我们可以这样访问它的成员：

```
employee. age = 18;
gets(employee. name);
```

如果一个结构体内又嵌套了一个结构体类型，则访问一个成员时，应采取从外到内、逐级访问的方法，直到要访问的成员为止。访问 *employee* 的 *year* 成员，应采用下面的方法：

```
scanf("%d,%s", &employee. brith_date.year, employee.tel);
```

所以，在同一程序中，虽然结构变量名不能相同，但成员名是可以相同的。

既然结构变量是一种变量，那么它应该遵守变量的规则，比如同类型的结构体变量之间可以互相赋值。另一方面，结构变量也有其特殊性，那就是一个变量还包含若干成员变量，所以不能直接对结构体变量进行算术、关系、逻辑、输入、输出等操作，而只能对结构变量的成员进行，结构变量的成员与前面各章用的简单变量是相同的。

仍以前面结构变量 *employee* 为例：

```
student_01 = employee;          /* 将 employee 各成员对应赋给 student_01 各成员 */
printf( "%s", employee );       /* 错误，结构体变量不能整体输入或输出 */
if (employee.age > student_01.age )
{ … }  /* 正确，成员之间进行关系运算 */
```

【例 9-1】分析以下源代码及输出结果。

参考源代码为

```
/* 例 9-1, 9-1.c */
#include <stdio.h>
#include <string.h>
struct  curriculum
{
  char curname[30] ;
  float curgrade;
```

```
};

 struct student
 {
   char name[8] ;
   char stuid[10] ;
   char department[30] ;
   char semester[10];
   struct curriculum course;
 } stu1 = { "lihong", "200133420", "computerdepartment", "200609", "Clanguage", 87 };
 /*  stu1 为全局变量，并在定义 stu1 时初始化成员 */

   void main( )
   {
      struct student stu2;
     printf("Enter stu2's  information: \n");
     gets(stu2.name);   /* 从键盘输入数据初始化 stu2 */
     gets(stu2.stuid);
     gets(stu2.department);
     gets(stu2.semester);
     gets(stu2.course.curname);
     scanf("%f",&stu2.course.curgrade);
     printf("the sut1's  information is : \n");
     printf(" %s %s %s %s %s %f\n", stu1.name, stu1.stuid, stu1.department, stu1.semester,
stu1. course.curname, stu1.course.curgrade);
     printf("the sut2's  information is : \n");
     printf(" %s %s %s %s %s %f\n", stu2.name, stu2.stuid, stu2.department, stu2.semester,
stu2. course.curname, stu2.course.curgrade);
   }
```

运行输出：

```
liuliting
20060205
electronComputer
200703
English
76
lihong 200133420 computerdepartment 200609 Clanguage 87.000000
liuliting 20060205 electronComputer 200703 English 76.000000
```

【简要分析】此例中的结构类型 *student* 是嵌套定义的，在 *student* 结构类型中的一个数据项 *course* 是另一个种结构类型 *curriculum*，其结构如图 9-1 所示。

name[8]	*stuid*[10]	*department*[30]	*semester*[10]	*course*	
				curname[30]	*curgrade*

图 9-1　*student* 结构体类型的结构图

结构体变量的初始化，可以按照所定义的结构体类型的数据项的顺序，依次写出各初始值（如例 9-1 中的变量 *stu1* 的初始化），也可以通过输入/输出函数来完成。

再重申，要注意结构嵌套时访问底层成员的方法。比如访问结构变量 *stu1* 的 *course* 课程的成绩 *curgrade*，应用 *stu1.course.curgrade* 的形式，而不能用 *stu1.crugrade* 或 *course.grade* 的形式。

【融会贯通】把你自己的信息定义一个嵌套的结构体类型 *informat*，包括姓名、性别、生日、籍贯、家庭住址、联系方式等；其中，生日是结构体类型，包括：出生年、月、日；然后定义一个此类型的变量 *my_info*，初始化，并输出。

9.1.2　结构体的指针

如果一个指针变量存放的是结构体变量在内存中的地址，则该指针变量称为结构指针。通过指针访问结构体成员用“->”运算符，它由一个减号和一个大于符号组成。可以通过指针变量引用它所指向的结构体变量成员的值。

如本例中的：*ptrst2->name*、*(*ptrst1).course.curname*、*prtst1->course.curgrade*。

【例 9-2】分析以下代码及输出结果。

参考源代码为

```
/* 例 9-2, 9-2.c */
#include <stdio.h>
#include <string.h>
struct  curriculum
{
   char curname[30] ;
   float curgrade;
 };

 struct  student
 {
    char name[15] ;
    char stuid[10] ;
    char department[30] ;
    char semester[10];
    struct curriculum course;
 } stu1 = { "zhangcheng", "200333067", "ComputerDepartment", "200409",  "JAVALanguage",
87 };

 void main( )
 {
     struct student sst ;
     struct student *ptrst1 = &stu1, *ptrst2 = &sst ;
     printf("Enter the pionter ptr's information : \n");
     gets(ptrst2->name);
     gets(ptrst2->stuid);
     gets(ptrst2->department);
     gets(ptrst2->semester);
     gets((*ptrst2).course.curname);
     scanf("%f", &(*ptrst2).course.curgrade);
     printf("Thet stu1's information is : \n");
     printf(" %s %s %s %s %s %f\n", stu1.name, ptrst1->stuid, (*ptrst1).department,
```

```
(*ptrst1).semester, (*ptrst1).course.curname, (*ptrst1).course.curgrade);
        printf("Thet ptr's information is : \n");
        puts(ptrst2->name);
        puts(ptrst2->stuid);
        puts(ptrst2->department);
        puts(ptrst2->semester);
        puts(ptrst2->course.curname);
        printf("%f", ptrst2->course.curgrade);
    }
```

运行输出：

```
Enter the pionter ptr's information :
zenqiong
200302043
EnglishDepartment
200503
English
68
Thet stu1's information is :
zhangcheng 200333067 ComputerDepartment 200409 JAVALanguage 87.000000
Thet ptr's information is :
zenqiong
200302043
EnglishDepartment
200503
English
68.000000
```

结构体变量的指针指向的是这个结构体变量所占内存单元的首地址。某结构体变量的指针只能指向该类结构体变量，而不能指向它的成员。

【思考验证】访问某个结构体变量的成员可以用运算符“.”或者“–>”，这两个运算符分别在哪种情况下使用，它们的区别是什么？

【融会贯通】把你自己的信息定义一个嵌套的结构体类型，包括：姓名、性别、生日、籍贯、家庭住址、联系方式等；其中，生日是结构体类型，包括：出生年、月、日；然后定义一个此类型的指针变量，用指针的方法初始化此变量，并输出。

课堂练习 1

定义一个水果结构体类型，包括水果名称、颜色、形状、味道、水分含量、矿物质含量、产地等。

9.2 结构体数组

一个结构体变量只能存放一个对象的一组数据，如果有多个相同结构体类型变量，逐个对其操作很不方便。数组是相同变量的集合，可以把多个相同结构体变量定义成一个结构体数组，这样操作起来就很方便了。

结构体数组中的每个元素都是该类型的一个结构体变量。

结构体数组的定义方法、对每个数组元素成员的访问方法均与前节结构体变量的定义方法相同，但初始化和输入/输出常用循环的形式。

初始化先定义结构体，再定义结构体数组。

```
struct curriculum
{
  char curname[30] ;
  float curgrade;
};

struct  student         /* 定义结构体类型 */
{
   char name[15] ;
   char stuid[10] ;
   char department[30] ;
   char semester[10];
   struct curriculum course;
} ;
struct student varstu[20];  /* 定义结构体数组 */
```

为了更显直观，设结构体数组 *varstu*[20]的内容如图 9-2 所示。

对结构体数组 *varstu*[20]的初始化如下：

```
   int i;
   for ( i = 0; i < 20; i++ )
   {
       printf(" 输入第 %d 名学生的姓名 : \n", i + 1);
       scanf("%s", &varstu [i].name);
       printf(" 输入第 %d 名学生的学号 : \n", i + 1);
       scanf("%s", &varstu [i].stuid);
       printf("输入第 %d 个学生的课程名称: \n" , i +1 );
       scanf("%s", &varstu [i].course.curname);
       printf("输入第 %d 个学生的课程成绩: \n" , i +1 );
       scanf("%f", &varstu t[i].course.curgrade);
    }
```

	name	*stuid*	*department*	*semester*	*curname*	*curagde*
varstu[0]	liulu	20030402	computer	200509	C	78
varstu[1]	cuihai	20040606	electorn	200603	JAVA	83
	…	…	…	…	…	…
varstu[19]	wangbo	20050103	english	200509	Math	76

图 9-2　结构体数组结构图

当然，当信息量不是太大时，也可以在定义结构体数组时即完成初始化，例如：

```
struct  curriculum
{
  char curname[30] ;
  float curgrade;
};

struct student        /*  定义结构体类型 */
{
  char name[15] ;
  char stuid[10] ;
  char department[30] ;
  char semester[10];
  struct curriculum course;
} varstu[3] = { {" maomao", "200502067", " computer", "200503", "C",  68 },
            {" zhanglina", "20050307" , " electornr ", "200503", "C", 78 },
            {" liuhai", "20050467" , " mathematics ", "200503", "C", 82 }
            };
```

【例 9-3】简易学生成绩管理系统。

设学生成绩表如图 9-3 所示，要求输入 N 位学生信息后，能输出每位学生的平均分、最高分，最后按学生成绩平均分降序排列后输出，并将原始数据存储到磁盘文件 stu_grade. txt 中。

姓名	java	maths	asp
zhoujie	83	73	67
lijing	68	72	86
liuliting	58	82	60
chenchao	86	66	92
mali	74	90	82

图 9-3　学生成绩表

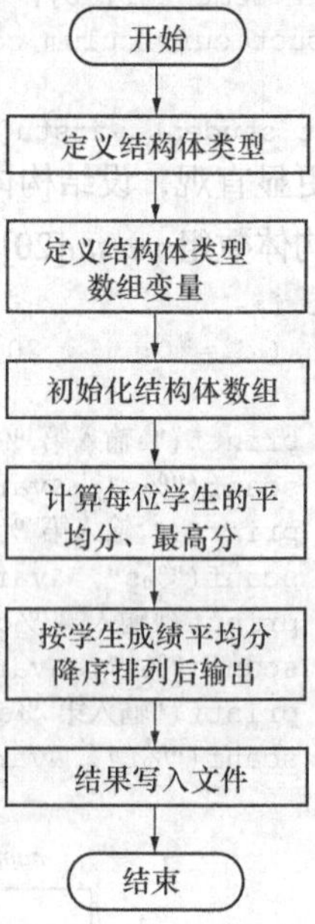

图 9-4　例 9-3 流程图

【简要分析】先定义符合题意要求的结构体类型，因为学生人数可能很多，所以可以考虑定义结构体数组。本例中的课程已经给定，所以直接按固定顺序输入相应课程的成绩即可。用自然语言描述的程序逻辑如下：

① 设置环境；

② 定义结构体类型；

③ 定义结构体类型数组变量；

④ 初始化结构体数组；

⑤ 计算每位学生的平均分、最高分；

⑥ 按学生成绩平均分降序排列后输出，并写入文件；

⑦ 结束。

参考源代码为

```
/* 例 9-3，9-3.c */
#include <stdio.h>
#include <stdlib.h>
#define  N  5       /*  学生数量 */

struct student
{
   char name[15] ;
   int maths, java, asp;
   int  aver_grade,  max_grade;
} ;
 /*  请读者完成以下三个函数 */
 void  average( struct  student  var[ ]  )  {     }
 void  maxgrade( struct  student  var[ ]  ) {     }
 void  output( struct  student  var[ ]  )   {     }

 void  initialize( struct  student  var[ ]  )
 {
   int i;
   for  ( i = 0; i < N; i++ )
   {
     printf("请输入学生姓名： \n ");
     scanf("%s", &var[i].name);
     printf("请输入 java, maths, asp 三门课的成绩：\n");
     scanf("%d,%d,%d", &var[i].java, &var[i].maths, &var[i].asp );
   }
 }

 void  writefile( struct  student  var[] )
 {
   int i;
   char ch = '\n';
   FILE  *fp;
   if  (  ( fp = fopen  ( "E:\\stu_grade.txt", "w" )  )  != NULL )
     for(i = 0;  i < N;  i++ )
     {
       fwrite(&var[i], sizeof(struct student)  , 1, fp);
       fputc(ch, fp);
     }
   else
     printf("打开文件操作失败！  \n ");
   fclose(fp);
 }
```

```
void main( )
{
   struct  student  stu[5];
   initialize(stu);
   writefile(stu);
}
```

提示

- 结构体数组名作函数实参，是“地址传递”方式的函数调用。
- 结构体变量作函数实参，是“值传递”方式的函数调用。
- 结构体变量成员作函数实参，是“值传递”方式的函数调用。

【思考验证】请不用结构数组，仅用以前一般数组的方法编写本例代码。

【融会贯通】对本例，找出每门课程的平均分和最高分，最后按学生姓名排序后输出。

课堂练习2

1. 编码实现一个“简单的生活计费系统”，把你每个月的收入和支出记一个流水账。如电话费、生活费、资料费、交通费、旅游费、勤工俭学费等。

2. 设计一个“学生档案记录系统”，把你们班所有同学的档案都记录在这个系统中，并能够做添加、修改、删除等操作；学生的档案内容有：姓名、学号、入学时间、籍贯、出生年月、家庭住址、联系方式、奖励情况等。

3. 编写一个简单的会议记录簿，记录每次会议的参与人员、开会时间、记录人、会议提要、发言人及简要内容等信息。

9.3 枚举类型

枚举数据类型与结构体数据类型本质上是不同的。前者属基本类型，后者属构造类型。顾名思义，所谓“枚举”，就是列举，指这种类型变量的取值被限定在有限个值的范围内。例如，性别只能是“男”或“女”；星期只能是“星期一”、“星期二”、“星期三”、“星期四”、“星期五”、“星期六”、“星期天”七个值之一等。

1. 枚举类型定义

声明枚举类型用关键字“enum”，枚举类型的定义和枚举类型变量的定义与第9.2节的结构体类型相似。

枚举类型定义格式如下：

```
enum  枚举类型名
{
   枚举表;
};
enum  枚举名  枚举变量名列表;
```

其中：

“enum”是定义枚举类型的关键字；

“枚举类型名”是所定义枚举类型的名字，可以是 C 语言任何合法的标识符；

“枚举表”是由若干个被称为枚举符的元素组成，称之为枚举常量，相邻的枚举符之间用逗号隔开。

例如：

```
enum weekday
{
 sun, mon, tue, wed, thu, fri, sat
};
enum weekday week ;
```

枚举类型的名称是 *weekday*，用它定义的枚举变量是 *week*，该变量的值只能取枚举表中罗列的 7 个常量，即 *sun* 到 *sat* 之一。

当然，与结构类似，也可直接定义枚举变量 *week*：

```
enum
{
 sun, mon, tue, wed, thu, fri, sat
} week;
```

例如，下边的语句给 *week* 变量赋值：

```
week = sun;
```

2. 枚举变量的引用

枚举变量定义后可以直接使用。

参考源代码为

```
enum  color
{
  red=1, blue, black, white, yellow=5, green
};
enum color apple, banana;
apple = red, banana = yellow;
for ( i = red; i <= green; i++ )
  …
```

几点说明：

（1）在定义枚举类型时，枚举常量必须是标识符（只是一个符号而已，并没有具体的含义），不能是数值，并且这些标识符是不能改变值的。

例如，以下语句是错误的：

```
black = 18;
```

又如，下边的定义是错误的：

```
enum color
{
 1, 2, 3, 4, 5, 6
};
```

（2）在定义枚举数据类型时可以对枚举常量进行初始化。

例如，下边定义：

```
enum monthday
{
```

```
        january = 1, february, march = 3, april, may, june, july, august, september,
october, november, december = 12
     };
```

定义了 *january*=1，以后各个枚举符的值依次加 1，即 *february*=2, *march*=3，…，*december*=12。

例如：下行输出的 *may* 值是 5。

```
     printf("\n may=%d", may);
```

如果在枚举表中没有给枚举常量赋初值，则系统会给它们分别分配一个值，从第一个枚举常量开始，依次为：0、1、2、…

（3）枚举常量可以用来进行判断和比较。例如，以下定义和判断语句：

```
enum monthday
{
     january=1, february, march=3, april, may, june, july, august, september, october,
     november, december=12
 } mon;
if ( mon == may )
     printf("\n 这是 5 月份" );
else
     if ( mon == august )
     printf("\n 这是 8 月份" );
```

【例 9-4】分析以下程序的运行结果。

参考源代码为

```
/* 例 9-4, 9-4.c */
void main( )
{
   enum weekday
   {
     SUM, MON, TUE, WED, THU, FRL, SAT
   };
   enum weekday date1, date2, date3;
   date1 = SAT;
   date2 = WED;
   date3 = SUM;
   printf("date1=%d, date2=%d, date3=%d\n", date1, date2, date3);
}
```

运行输出：

date1=6, *date2*=3, *date3*=0

【思考验证】枚举数据类型与结构体数据类的区别在哪里？

课堂练习 3

定义一个 *student* 的枚举类型，枚举表中是你们班所有同学的姓名，枚举常量的值就是每个同学的学号，编程实现输入你班同学的学号，显示他的姓名。

习题

一、选择题

1. 当说明一个结构体变量时系统分配给它的内存是（　　）。

　　A. 各成员所需内存的总和

　　B. 结构中第一个成员所需内存量

　　C. 成员中占内存量最大者所需的容量

　　D. 结构中最后一个成员所需内存量

2. 设有以下说明语句：

```
struct stu
{
 int a;float b;
}stutype;
```

则以下叙述不正确的是（　　）。

　　A. struct 是结构体类型的关键字

　　B. struct stu 是用户定义的结构体类型

　　C. stutype 是用户定义的结构体类型名

　　D. *a* 和 *b* 都是结构体成员名

3. 以下程序的运行结果是（　　）。

```
main()
{ struct date
 {
 int year,month,day;
 } today;
 printf("%d\n",sizeof(struct date));
}
```

　　A. 6　　B. 8　　C. 10　　D. 12

4. 根据下面的定义，能打印出字母 M 的语句是（　　）。

```
struct person
{
 char name[9];
 int age;
};
struct person class[10]=
{"John",17,"Paul",19,"Mary"18,"adam",16};
```

　　A. printf("%c\n",class[3].name);

　　B. printf("%c\n",class[3].name)[1]);

　　C. printf("%c\n",class[2].name)[1]);

　　D. printf("%c\n",class[2].name)[0]);

5. 下面程序的运行结果是（　　）。

```
main()
{
  struct cmplx{int x;
  int y;
}cnumn[2]={1,3,2,7};
printf("%d\n"),cnum[0].y/cnum[0].x*cnum[1].x;}
```

A. 0　　B. 1　　C. 3　　D. 6

6. 当说明一个共用体变量时系统分配给它的内存是（　　）。

A. 各成员所需内存量的总和

B. 结构中第一个成员所需内存量

C. 成员中占内存量最大者所需内存量

D. 结构中最后一个成员所需内存量

7. 以下对 C 语言中共用体类型数据的叙述正确的是（　　）。

A. 可以对共用体变量名直接赋值

B. 一个共用体变量中可以同时存放其所有成员

C. 一个共用体变量中不能同时存放其所有成员

D. 共用体类型定义中不能出现结构体类型的成员

8. 设有以下语句，则下面不正确的叙述是（　　）。

```
union data
{
   int i; char c; float f;
}UN;
```

A. *UN* 所占的内存长度等于成员 *f* 的长度

B. *UN* 的地址和它的各成员地址都是同一地址

C. *UN* 可以作为函数参数

D. 不能对 *UN* 赋值，但可以在定义 *UN* 时对它初始化

9. 以下程序的运行结果是（　　）。

```
#include<stdio.h>
main()
{
   union{long a;
   int b;
   char c;}m;
   printf("%d\n",sizeof(m));}
```

A. 2　　B. 4　　C. 6　　D. 8

10. 以下程序的运行结果是（　　）。

```
#include<stdio.h>
union pw
{
  int i;
  char ch[2];
}a;
main()
{
```

```
a.ch[0]=13;
a.ch[1]=0;
printf("%d\n",a.i);}
```

A. 13　　B. 14　　C. 208　　D. 209

二、填空题

1. 有以下结构体说明和变量定义：

```
struct  car
{
 int   num ;
 char  name[20] ;
 float  price;
} m , mm[2];
```

则变量 *m* 和 *mm*[2]所占存储单元字节数分别是：________、________。

2. 若有以下结构体说明和定义：

```
struct  stu
{
 char name[10] ;
 char sex;
 int age;
} v , *p=&v ;
```

则对变量 *v* 中的 *age* 成员访问的形式有：________、________、________。

3. 若有以下结构体说明和定义：

```
struct  aaa
{
 char  ch[20] ;
 long  varl ;
} ;
struct  bbb
{
    float  a;   int b[3] ;  struct  aaa  *c ;
} q[3],  *p=q ;
```

执行语句"printf("%d \t %d \n " , sizeof(q) , sizeof(p)); "后的输出结果是：

____

4. 下面程序的运行结果是________。

```
struct  tt
{
  int  x ;
  struct  tt *y ;
} w[5] ;
void main( )
{
  int  i ;
  for ( i = 0; i < 5; i++ )
  {  w[i].x =  i*i ;  w[i].y = &w[i + 1] ; }
  w[i].y=w;
  printf("%d \n " , *w[3].y );
}
```

三、实训题（描述算法、编写代码、上机调试）

1. 设计某结构数组存放 *N* 个学员某门课的成绩，定义一系列函数，统计该门课的最高分（及姓名）、最低分（及姓名）、平均分、合格率，并按该门课程分数降序排列后输出（姓名、学号）。

2. 设计一个“档案管理系统”，把你们班的每个同学的姓名、学号、性别、籍贯、生日、家庭住址、联系方式等内容记录下来。

3. 用一个数组存放图书信息，每本书是一个结构体变量，包括：书名、作者、出版年月、借出否；编写程序读入若干本书的信息，并输出。

第10章 图形与音乐简介

图形设计在计算机应用领域中占有很重要的地位，它广泛应用于计算机辅助设计、计算机辅助制造、医学等领域，即使是软件本身也越来越多地以图形界面进行人机交互。C 语言提供了实现图形处理功能所需的函数。但不同的 C 编译系统，所提供的图形函数的功能可能有些差别，相同功能所用的库函数名也可能不一样，不过它们的处理方法基本上是一致的。本章以 Turbo C 2.0 作为工作环境，介绍图形程序的设计。

【主要内容】

常用绘图函数；动画实现方法；音乐程序简介。

【学习重点】

绘图函数的使用方法，学习时主要是上机练习。

10.1 图形模式

Turbo C 提供了非常丰富的图形函数，这些函数的分类如表 10-1 所示。

表 10-1　　C 图形函数的分类

函数类型	作用
图形系统控制函数	实现图形系统初始化，将硬件置于图形方式、改变图形模式、关闭图形系统等
绘图及填充函数	绘制彩色的线、弧、圆、矩形、扇形、多边形、三维直方图等，可以改变线型、线粗细，还可根据预定义模式或自定义模式填充任何有界区域
屏幕及视窗管理函数	管理屏幕、视窗、图像及像素等
颜色控制函数	获取颜色信息并设置颜色
图形方式正文输出函数	获取/设置正文的字体、大小、对齐方式等
状态查询函数	报告出错代码及相应的信息

所有图形函数的原型均包括在 graphics.h 中。使用图形函数时应确保有显示器图形驱动程序（*.bgi 文件），同时将集成开发环境 Options/Linker 中的 graphics.lib 选为 on，只有这样才能保证正确地使用图形函数。

显示器的工作方式有两种，一种是文本（或字符）显示，它显示的是字符的字模；另一种是图形方式，它以像素为基本单位，直接显示所绘制的图形。

在图形方式下，显示器的坐标以屏幕左上角为原点（0，0），向右为正 x 轴方向，向下为正 y 轴方向。屏幕坐标如图 10-1 所示。

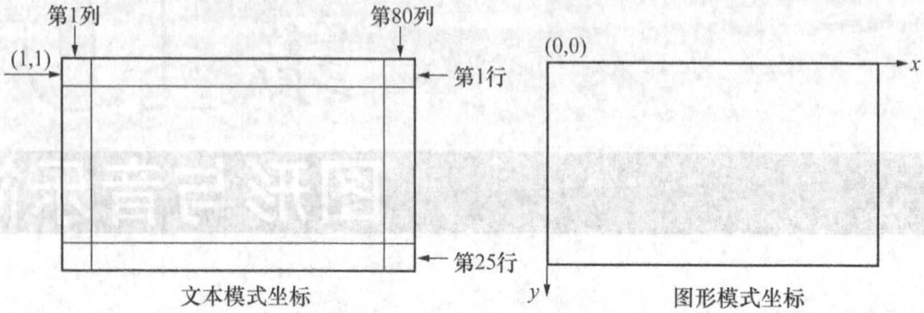

图 10-1　屏幕的坐标

10.1.1　图形模式的初始化

不同的显示器适配器有不同的图形分辨率，即使同一显示器适配器，在不同模式下也有不同的分辨率。因此，在屏幕作图之前，必须根据显示器适配器的种类将显示器设置成某种图形模式。在未设置图形模式之前，计算机系统默认屏幕为文本模式（80 列，25 行字符模式），此时所有图形函数均不能工作。

设置屏幕为图形模式，图形初始化函数为：

```
void far initgraph(int far *driver, int far *mode, char *path);
```

其中，*driver* 和 *mode* 分别为图形驱动器和模式，*path* 为图形驱动程序所在的目录路径。常用的图形驱动器、图形模式的符号常数及对应的分辨率见表 10-2。图形驱动程序由 Turbo C 出版商提供，文件扩展名为.BGI，不同的图形适配器有不同的图形驱动程序。例如 EGA 和 VGA 图形适配器就调用驱动程序 EGAVGA.BGI。

表 10-2　　图形驱动器、图形模式及分辨率

图形驱动器（*gdriver*）		图形模式（*gmode*）		色调	分辨率
符号常数	数值	符号常数	数值		
VGA	9	VGAHI	2	16 色	640×480
PC3270	10	PC3270HI	0	2 色	720×350
DETECT	0	用于硬件自动测试			

【例 10-1】使用图形初始化函数设置 VGA 高分辨率图形模式。

参考源代码为

```
/* 例 10-1, 10-1.c */
#include <graphics.h>
```

```
void main( )
{
    int gdriver, gmode;
    gdriver = VGA;
    gmode = VGAHI;
    initgraph(&gdriver, &gmode, "c:\\tc");                /* c:\\tc 为 C 语言安装目录 */
    bar3d(100, 100, 300, 250, 50, 1);                     /* 画一长方体 */
    getch( );
    closegraph( );                                        /* 退出图形状态 */
}
```

运行该程序，输出结果如图 10-2 所示。

有时，编程者并不知道所用的图形显示器适配器的种类，或者需要将编写的程序用于不同的图形驱动器，使程序可移植。Turbo C 提供了一个自动检测显示器硬件的函数，其调用格式为：

```
void far detectgraph(int *gdriver, *gmode);
```

其中，*gdriver* 和 *gmode* 的意义与上面相同。

【例 10-2】自动进行硬件测试后进行图形初始化。

```
/* 例 10-2，10-2.c */
#include <graphics.h>
void main( )
{
    int gdriver, gmode;
    detectgraph(&gdriver, &gmode);           /* 自动测试硬件 */
    printf("the graphics driver is %d, mode is %d\n", gdriver,gmode);      /* 输出测试结果 */
    getch( );
    initgraph(&gdriver, &gmode, "");         /* 根据测试结果初始化图形 */
    bar3d(20, 40, 130, 250, 20, 1);          /*画一个三维矩形*/
    getch( );
    closegraph( );
}
```

运行该程序后，输出结果如图 10-3 所示。

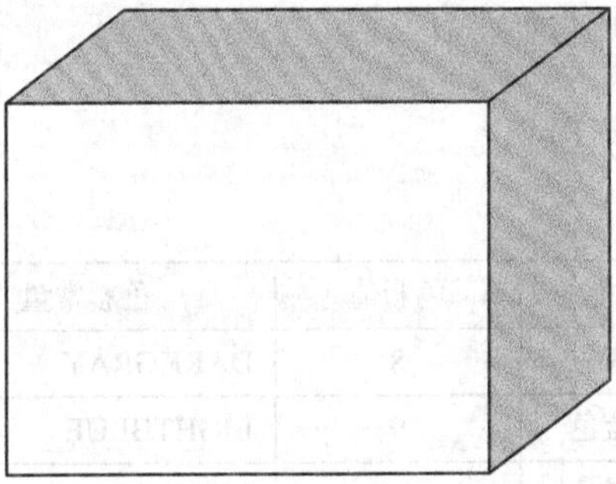

图 10-2　例 10-1 输出图

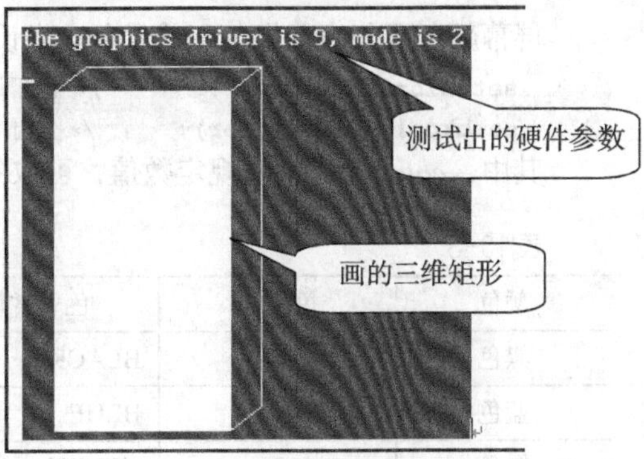

图 10-3　例 10-2 输出图

对于用 initgraph( )函数直接进行图形初始化的程序，Turbo C 在编译和链接时并没有将相应的驱动程序（*.bgi）装入执行程序，当程序进行到 initgraph( )语句时，才从该函数中第 3 个形式参数 char *path 中所规定的路径中去寻找相应的驱动程序。若没有驱动程序，则在 C:\TC 中去找。如果 C:\TC 中仍然没有或不存在 TC，将会出现错误信息：

```
BGI Error: Graphics not initialized (use initgraph)
```

因此，为了使用方便，应该建立一个不需要驱动程序就能独立运行的可执行图形程序。Turbo C 中规定用下述步骤（这里以 EGA 和 VGA 显示器为例）：

（1）在 C:\TC 子目录下输入命令：

```
BGIOBJ EGAVGA
```

此命令将驱动程序 EGAVGA.BGI 转换成 EGAVGA.OBJ 的目标文件。

（2）在 C:\TC 子目录下输入命令：

```
TLIB LIB\GRAPHICS.LIB+EGAVGA
```

此命令的意思是将 EGAVGA.OBJ 的目标模块装入 GRAPHICS.LIB 库文件中。

（3）在程序中 initgraph( )函数调用之前加上语句：

```
registerbgidriver(EGAVGA_driver);
```

该函数告诉连接程序，在连接时把 EGAVGA 的驱动程序装入到用户的执行程序中。

经过上面处理，编译连接后的执行程序可在任何目录或其他兼容机上运行，增强了程序的通用性。

【例 10-3】独立图形运行程序（假设已完成了前两个步骤）。

```
/* 例10-3, 10-3.c */
#include <graphics.h>
void main( )
{
   int driver = DETECT, mode;
   registerbgidriver(EGAVGA_driver);       /*建立独立图形运行程序 */
   initgraph(&driver, &mode, "");
   bar3d(50, 50, 250, 150, 20, 1);
   getch( );
   closegraph( );
}
```

上例编译连接后产生的执行程序可独立运行。

10.1.2 图形模式下的文本输出

屏幕颜色可分为背景色和前景色。在设置屏幕颜色时，使用下面两个函数：

```
setcolor(int color);          /* 用于设置前景色，即画笔颜色 */
setbkcolor(int color);        /* 用于设置背景色 */
```

其中，*color* 为颜色的规定数值，可取的颜色值见表 10-3。

表 10-3　　绘图颜色表

颜色	色彩值	色彩常量	颜色	色彩值	色彩常量
黑色	0	BLACK	深灰色	8	DARKGRAY
蓝色	1	BLUE	淡蓝色	9	LIGHTBLUE
绿色	2	GREEN	淡绿色	10	LIGHTGREEN
青色	3	CYAN	淡青色	11	LIGHTCYAN
红色	4	RED	浅红色	12	LIGHTRED
洋红色	5	MAGENTA	淡洋红色	13	LIGHTMAGENTA
棕色	6	BROWN	黄色	14	YELLOW
浅灰色	7	LIGHTGRAY	白色	15	WHITE

提示

> ➢ 系统默认背景色为黑色（*color* 值为 0），前景色为白色（*color* 值为 15），即黑底白字。
>
> ➢ 背景色和前景色不要采用相同或相近的颜色。

在图形模式下，printf( )、putchar( )等标准输出函数只能输出 80 列 25 行的白色字符文本，无法与多种图形模式有效地配合。为此，Turbo C 提供了一些专门用在图形模式下的文本输出函数，它们可以用来选择输出位置、输出的字型、大小、输出方式等。

为了在图形方式下输出文本，Turbo C 提供了一个 8×8 点阵的字库，字库中包含英文字母和一些常用符号的字模。该字库嵌入在图形系统中，当在 Turbo C 下对系统进行图形初始化（即使用 initgraph( )函数时）后，该字库即被调入内存。这种字库是在图形模式下输出文本时的默认字体。

另外，Turbo C 的图形接口软件（BGI）还提供了 4 种向量字库。向量字库都以扩展名.chr 的文件名存放，向量字库罗列在表 10-4 中。

表 10-4　　4 种向量字库

字库名	字库文件名
3 倍笔画字库	itrip.chr
无衬笔画字库	litt.chr
黑体笔画字库	goth.chr
小号笔画字库	sans.chr

当文本输出选择这些字库中的某一个时，相应的笔画字库就被调入内存。这些字形常被用来显示放大的字符，因为向量字库（矢量字库）在放大时显示得很平滑。

1．文本字型设置

文本字型设置使用 settextstyle( )函数，其格式是：

```
settextstyle(int font, int direction, int char_size);
```

其中：*font* 为字体名；*direction* 为文本显示方向；*char_size* 为文本大小尺寸。

该函数用来设置输出文本的字体、输出方向和大小。输出的文本颜色由 setcolor( )函数决定。font 可使用的字体如表 10-5 所列。

表 10-5　　参数 *font* 取值（字体表）

符号常量	数值	含义
DEFAULT_FONT	0	8×8 点阵字（默认值）
TRIPLEX_FONT	1	三倍笔画字体
SMALL_FONT	2	小号笔画字体
SANSSERIF_FONT	3	无衬画字体
GOTHIC_FONT	4	黑体笔画字体

参数 Direction 决定文本输出方向，有两种选择，见表 10-6。

表 10-6　　参数 *direction* 取值

符号常量	数值	含义
HORIZ_DIR	0	从左到右
VERT_DIR	1	从底到顶

参数 char_size 表示输出文本的字体大小，可用的取值见表 10-7。

表 10-7　　参数 *char_size* 取值

数值或符号常量	含义	数值或符号常量	含义
0 或 USER_CHAR_SIZE	用户定义的字符大小		
1	8×8 点阵	6	48×48 点阵
2	16×16 点阵	7	56×56 点阵
3	24×24 点阵	8	64×64 点阵
4	32×32 点阵	9	72×72 点阵
5	40×40 点阵	10	80×80 点阵

2．设置文本的输出位置

文本输出位置的确定使用 settextjustfy( )函数，其一般格式是：

```
settextjustify(int horiz, int vert);
```

该函数用于设置文本在水平（*horiz*）或垂直（*vert*）方向上的对齐方式，见表 10-8。

表 10-8　　参数 *horiz* 和 *vert* 取值表

Horiz(水平对齐方式)			*vert*(垂直对齐方式)		
符号常量	数值	含义	符号常量	数值	含义
LEFT_TEXT	0	左对齐	BOTTOM_TEXT	0	底部对齐
CENTER_TEXT	1	水平居中	CENTER_TEXT	1	垂直居中
RIGHT_TEXT	2	右对齐	TOP_TEXT	2	顶部对齐

3．输出文本

输出文本字符串有两个函数，其一般格式是：

```
outtext(char *textstring);                      /*当前位置输出文本*/
outtextxy(int x, int y, char *textstring);      /*在(x,y)坐标位置输出文本*/
```

前一个函数 outtext( )是在当前位置，按照 settextstyle( )函数中 *direction* 所指定的方向，输出由指针 *textstring* 所指向的字符串。

后一个函数 outtextxy( )是在（*x*，*y*）的像素坐标位置，按照 settextjustify( )函数指定的对齐方式，输出由指针 *textstring* 所指向的字符串。

例如：

```
outtextxy(100,100,"ABC");
```

该语句执行时，Turbo C 将采用缺省方式显示，设置字符“A”的左上角位置为（100，100），字形为 8×8 点阵，比例尺寸为 1：1，即和字库中的字一样大。

4．格式输出

图形模式下，格式输出字符串函数 sprintf( )的使用格式如下：

```
sprintf(char *str, char *format [, argument, …]);
```

该函数的使用方法类似于 printf( )，只不过它是将参数 *argument* 的内容按 format 所指定的格式输出到指针 *str* 所指的字符串中，而不是输出到屏幕。

sprintf( )函数补充了 outtext( )和 outtextxy( )函数的不足。这是因为 outtext( )和 outtextxy( )函数只能输出字符串，而无法输出变量、表达式的值。于是，可以先将输出的变量内容通过 sprintf( )函数转换成字符串 *str*，再通过 outtext( )或 outtextxy( )函数输出。

【例 10-4】 文本函数应用。

参考源代码为

```
/* 例 10-4，10-4.c */
#include  <graphics.h>
void main( )
{
    int i,gdriver,gmode ;
    char s[30];
    gdriver = DETECT ;
    initgraph(&gdriver, &gmode,"");
    setbkcolor(BLUE);
    cleardevice( );
    setviewport(100, 100, 540, 380, 1);                /* 定义一个图形窗口 */
    setfillstyle(1, 2);                                /* 绿色以实填充 */
    setcolor(YELLOW);
    rectangle(0, 0, 439, 279);
    flodfill(50, 50, 14);
    setcolor(12);
    settextstyle(1, 0, 8);                             /* 三重笔画字体，水平放大 8 倍*/
    outtextxy(20, 20, "Good Better");
    setcolor(15);
    settextstyle(3, 0, 5);                             /* 无衬笔画字体，水平放大 5 倍 */
    outtextxy(120, 120, "Good Better");
    setcolor(14);
    settextstyle(2, 0, 8);
    i = 620 ;
    sprintf(s, "Your score is %d",i);                  /* 将数字转化为字符串 */
    outtextxy(30, 200, s);                             /* 指定位置输出字符串 */
    setcolor(1);
    settextstyle(4, 0, 3);
    outtextxy(70, 240, s);
    getch( );
    closegraph( );
    return 0 ;
}
```

运行该程序后，输出结果如图 10-4 所示。

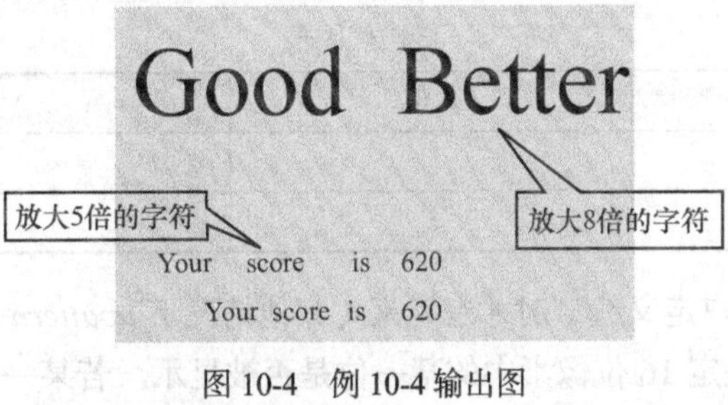

图 10-4　例 10-4 输出图

10.2 绘图函数

1．画点与线

（1）画点。

点的绘制由 putpixel( )函数完成，该函数格式如下：

```
putpixel(int x, int y, int color);
```

putpixel( )函数的功能是：在坐标（*x*，*y*）处用 *color* 指定的颜色绘制一个点，*color* 的取值参见表 10-2。

如果要想取得某一点的颜色，可使用函数 getpixel( )来完成，该函数格式如下：

```
int getpixel(int x, int y);
```

该函数获取并返回（*x*，*y*）这一点的颜色值。

（2）画直线。

画直线的函数有多个，分别如下：

```
line(int x0, int y0, int x1, int y1);        /*从点(x0,y0)到点(x1,y1)绘制一条直线*/
lineto(int x, int y);                        /*从当前位置到点(x,y)绘制一条直线*/
linerel(int dx, int dy);                     /*从当前位置按相对增量dx,dy绘制一条直线*/
```

在绘图时，有一支看不见的“画笔”，该画笔所指的位置称为当前位置（*CP*），图形系统初始化时，画笔总是指向左上角的坐标原点（0,0），但随着图形的绘制，当前位置会不断变动。

在画直线时，线条的颜色由函数 setcolor( )指定。还可以用函数 setlinestyle( )设定线条的线型，该函数的一般格式如下：

```
setlinestyle(int linestyle, unsigned upattern, int thickness);
```

其中，参数线型样式（*linestyle*）的取值为如表 10-9 所列的各种线条样式，默认为实线。但该参数不影响圆、圆弧、椭圆和扇形的线型。

表 10-9　线型代码表

线型常量	数值	含义
SOLID_LINE	0	实线
DOTTED_LINE	1	点线
CENTER_LINE	2	中心线
DASHED_LINE	3	破折线
USERBIT_LINE	4	用户定义线

线的粗细（thickness，也称为线宽）默认为 1 个像素，还可以取 3 个像素，见表 10-10。该参数的选择，将会影响圆、圆弧、椭圆和扇形的线型。

表 10-10　线宽代码表

线宽常量	数值	含义
NORM_WIDTH	1	1 个像素宽
THICK_WIDTH	3	3 个像素宽

参数 *upattern* 仅在用户定义线型时才有意义（其他情况下 *upattern* 取值为 0）。该参数是一个 16 位的二进制码，用于决定 16 位像素中的某一位是否被显示。若某一位为 1，则该位像素显示，

为 0 则不显示。例如：

```
1010 1010 1010
```

则表示间隔像素显示，即画一条点线。

【例 10-5】画线函数应用，画一个三角形。

参考源代码为

```
/* 例 10-5, 10-5.c */
#include <conio.h>
#include <graphics.h>
void main( )
{
    int i, x0 = 320, y0 = 240, x, y;
    int gd = DETECT, gm = 0 ;
    initgraph(&gd, &gm, "");
    setbkcolor(2);                /*设置背景色*/
    setcolor(4);                  /*设置前景色*/
    setlinestyle(0, 0, 3);        /*设置线型*/
    line(50, 250, 250, 250);      /*画三角形的三个边*/
    line(50, 250, 50, 50);
    line(50, 50, 250, 250);
    getch( );
}
```

运行该程序后，输出结果如图 10-5 所示。

2．画矩形

矩形函数有 3 个，如表 10-11 所列。

表 10-11　矩形函数

函数作用	格式
画一个空心的矩形	rectangle(int *x*1, int *y*1, int *x*2, int *y*2);
画实心矩形	bar(int *x*1, int *y*1, int *x*2, int *y*2);
画三维立体图	bared(int *x*1, int *y*1, int *x*2, int *y*2, int *depth*, int *topflag*)
参数说明	(*x1*,*y*1)：左上角坐标；(*x*2,*y*2)：右下角坐标；*Depth*：三维图形的深度 *topflag*=0 时，三维图形不封顶

【例 10-6】画矩形函数应用。

参考源代码为

```
/* 例 10-6, 10-6.c */
#include <conio.h>
#include <graphics.h>
void main( )
{
    int i, x = 20, y = 20 ;
    int gd = DETECT, gm = 0 ;
    initgraph(&gd, &gm, "");
    setbkcolor(3);
    setcolor(4);
    setlinestyle(0, 0, 3);
    rectangle(x, y, x + 100, y + 100);          /*画空心矩形*/
```

```
    bar(160, 160, 300, 300);                    /*画实心矩形*/
    bar3d(400, 200, 500, 400, 50, 2);           /*画三维矩形*/
    getch( );
}
```

运行该程序后，输出结果如图 10-6 所示。

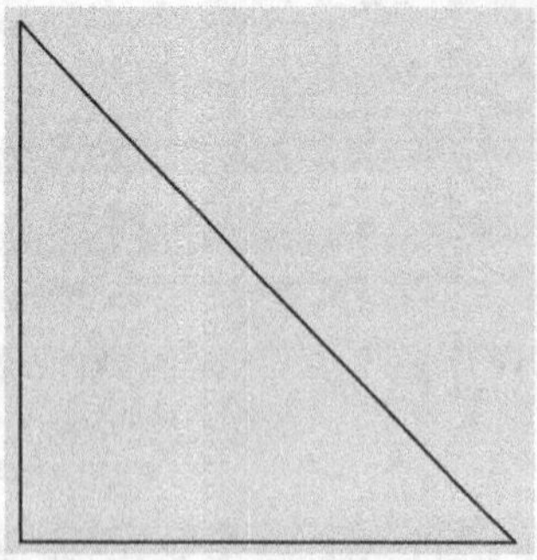

图 10-5　例 10-5 输出图

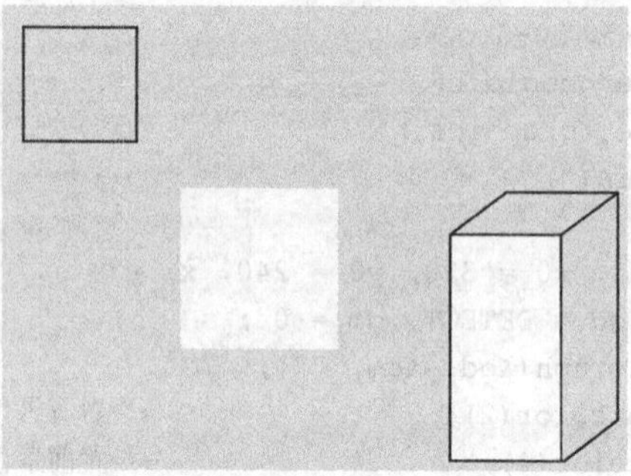

图 10-6　例 10-6 输出图

3．画圆与弧

画圆、弧、椭圆的命令较多，如表 10-12 所列。

表 10-12　　画圆、弧、椭圆的命令

函数作用	格式
画圆	circle(int *x*, int *y*, int *radius*);
画椭圆	ellipse(int *x*, int *y*, int *stangle*, int *endangle*, int *xradius*, int *yradius*);
画圆弧	arc(int *x*, int *y*, int *stangle*, int *endangle*, int *radius*);
画扇形	pieslice(int *x*, int *y*, int *stangle*, int *endangle*, int *radius*);
画封闭椭圆	fillellipse(int *x*, int *y*, int *xradius*, int *yradius*);
画椭圆扇形	sector(int *x*, int *y*, int *stangle*, int *endangle*, int *xradius*, int *yradius*);
参数	(*x*,*y*)：圆心；*radius*：半径；*xradius* 和 *yradius*：*x* 轴和 *y* 轴半径 *stangle*：起始角；*endangle*：结束角

【例 10-7】画圆、弧函数应用。

参考源代码为

```
/*例 10-7, 10-7.c */
#include <conio.h>
#include <graphics.h>
void main( )
{
    int i, x = 20, y = 20 ;
    int gd = DETECT, gm = 0 ;
    initgraph(&gd, &gm, "");
    setcolor(4);
    setlinestyle(0, 0, 3);
    circle(100,100, 52);                    /* 画圆 */
    setlinestyle(0, 0, 3);                  /*画圆弧 */
    arc(200, 200, 0, 270, 60);
    setcolor(4);
```

```
    setlinestyle(0, 0, 3);
    pieslice(400, 100, 0, 270, 60);          /*画扇形*/
    fillellipse(400, 250, 80, 50);           /*画封闭椭圆*/
    getch( );
}
```

运行该程序后，输出结果如图 10-7 所示。

图 10-7　例 10-7 输出图

4．封闭图形的填充

在默认情况下，绘制出的封闭图形都是单白色实填充，如果需要设置填充样式和填充色，可以使用函数 setfillstyle( )实现，该函数的一般格式如下：

```
setfillstyle(int pattern, int color);
```

其中，参数 *pattern* 为填充样式，可以选择的样式见表 10-13；参数 *color* 为填充色，见表 10-13。

如果选择了 USER_FILL 参数，则用户可以自定义填充样式进行填充。用户自定义样式由函数 setfillpattern( )设定，其一般格式如下：

```
setfillpattern(char *upattern, int color);
```

表 10-13　填充样式

样式符号常量	数值	含义
EMPTY_FILL	0	以背景颜色填充
SOLID_FILL	1	实填充
LINE_FILL	2	以直线填充
LTSLASH_FILL	3	以斜线填充（阴影线）
SLASH_FILL	4	以粗斜线填充（粗阴影线）
BKSLASH_FILL	5	以粗反斜线填充（粗阴影线）
LTBKSLASH_FILL	6	以反斜线填充（阴影线）
HATCH_FILL	7	以直方网格填充
XHATCH_FILL	8	以斜网格填充
INTTERLEAVE_FILL	9	以间隔点填充
WIDE_DOT_FILL	10	以稀疏点填充
CLOSE_DOS_FILL	11	以密集点填充
USER_FILL	12	以用户定义样式填充

该函数用于设置用户自定义填充样式，以颜色 *color* 进行填充。参数 *upattern* 是一个指向 8 个字节存储区的指针，这 8 个字节存储了 8×8 像素构成的填充图模，其中每个字节代表一行，每个字节的一个二进制位表示该位上是否有像素点，如果为 1，显示由 *color* 指定的颜色像素；如果为 0，则不显示。

设定填充样式后，可用 floodfill( )函数对任意封闭的图形进行填充，其一般格式为：

```
floodfill(int x, int y, int border);
```

其中，（*x*，*y*）为封闭图形内的任意一点的坐标，该点称为填充种子。*border* 为封闭边界的颜色，该值必须与图形轮廓的颜色值一致，否则会使填充超出轮廓。图形内部的填充颜色和样式由函数 setfillstyle( )设定。

5．图形窗口

函数 setviewport( )用于图形窗口的设置，一般格式如下：

```
setviewport(int x1, int y1, int x2, int y2, int clipflag);
```

该函数用于在屏幕上建立一个左上角坐标为（*x*1，*y*1）、右下角为（*x*2，*y*2）的新显示窗口。其中，参数 *clipflag* 用于指定画线是否在当前窗口边界被截断。当 *clipflag* 非 0 时，被截断；如果 *clipflag* 为 0，则超出部分仍将绘制出来。

函数 clearviewport( )可用于清除图形窗口的内容，一般格式如下：

```
clearviewport( );
```

窗口函数的应用见下节。

10.3 简单动画设计

所谓动画，实质上就是利用了电影的原理，即本身虽是静止的图形，但当它们以每秒 25 幅以上的速度变化时，就成为动画了。

产生动画的常用方法有 4 种。

- 清除法：在原地画一幅图，延时一定时间将其清除，改变位置后再重画。
- 动态窗口法：开一图形窗口，在窗口中画一图形，然后使窗口移动。
- 存储再现法：将屏幕上的图形保存到内存缓冲区内，清除屏幕，在新位置再现图形。
- 页交替法：将屏幕存储器分为若干页，在每个页面上作不同的画，再按一定顺序显示各页。

下面，将分别介绍这 4 种常用的方法。

1．清除法

本方法利用 cleardevice( )和 delay( )函数相互配合，先画一幅图形，让它延迟一定时间，然后清屏，再画另一幅，如此反复，形成动画效果。

【例 10-8】画一个半径为 60 像素的圆，并让它从屏幕左边水平移动到屏幕右边。

参考源代码为

```
/* 例 10-8, 10-8.c */
#include <graphics.h>
void main( )
{
  int x, driver = DETECT, mode=0;
  initgraph(&driver, &mode, "");   /* 图形模式初始化 */
  cleardevice( );
```

```
    setcolor(RED);
    for ( x = 100; x <= 500; x++ )      /* 控制圆心坐标的变化 */
    {
        circle(x, 200, 60);             /* 画一个半径为60像素的圆 */
        delay(800);                     /* 延时800ms */
        cleardevice( );                 /* 清屏 */
    }
    closegraph( );
}
```

【思考验证】修改本例，使该圆在屏幕上沿垂直方向上下移动3次。

【模仿训练】在屏幕上画一白色圆形轨道，再设计一个黄色小球沿此轨道作顺时针方向移动。

2．动态窗口法

本方法利用图形窗口设置技术实现动画效果。主要思想是：在不同图形窗口设置同样的图像，让窗口沿 *x* 轴方向移动，每次新窗口出现前清除上次窗口，从而产生出图像沿 *x* 轴移动的效果。

【例10-9】设计一个不断变化颜色的立方体，沿屏幕从左往右移动。

函数movebar(int *xorig*)开一窗口并在该窗口中画一填充的立方体，*xorig* 是窗口左上角的 *x* 坐标。主函数中不断改变 *xorig* 后再调用movebar( )，从而产生动画效果。设计时应注意坐标不要超出范围。

参考源代码为

```
/* 例10-9，10-9.c */
#include <graphics.h>
#include <dos.h>
void main( )
{
    int i, graphdriver = DETECT, graphmode;
    void movebar(int);
    initgraph(&graphdriver, &graphmode, "");   /* 图形界面初始化 */
    for ( i = 0; i < 50; i++ )                 /* 在不同的坐标位置调用movebar( )函数 */
    {
        setfillstyle(1, i);
        movebar(i * 10);
    }
    closegraph( );
}

void movebar(int xorig)                        /*设窗口并画填色小立方体*/
{
    setviewport(xorig, 0, 639, 199, 1);        /*设置图形窗口*/
    setcolor(5);
    bar3d(10, 120, 60, 150, 40, 1);            /*画三维矩形*/
    floodfill(70, 130, 5);                     /*填充颜色*/
    floodfill(30, 110, 5);                     /*填充颜色*/
    delay(25000);                              /*延时*/
    clearviewport( );                          /*清除图形窗口*/
}
```

对较复杂图形不宜采用上面的两种方法，一是画图形要占较长时间，二是图形窗口位置切换的时间较长，致使所产生的动画效果变差。

3．存储再现法

这种方法是先在屏幕上作出图形，再将其保存到内存缓冲区中，待清屏后再在新位置重现该图形。这种方法是比较好的动画设计方法，相关的几个函数如表 10-14 所列。

表 10-14　　存储再现法用到的几个函数

函数名	格式	功能
getimage	getimage(int *x*1, int *y*1, int *x*2, int *y*2, **bitmap*)	将图像保存到内存中
imagesize	imagesize(int *x*1, int *y*1, int *x*2, int *y*2)	测定图像所占字节数
putimage	putimage(int *x*1, int *y*1, **bitmap*, int *op*)	将前面保存的图像重现
参数说明	(*x*1, *y*1)为图形左上角坐标；(*x*2, *y*2)为图形右下角坐标；**bitmap* 为保存图形的缓冲区首地址指针；*op* 为图形重现方式，具体取值如表 10-15 所示	

表 10-15　　putimage( )函数图形重现方式

符号名	值	含义
COPY_PUT	0	复制
XOR_PUT	1	进行异或操作
OR_PUT	2	进行或操作
AND_PUT	3	进行与操作
NOT_PUT	4	进行非操作

【例 10-10】模拟两个小球动态碰撞过程。

本例首先在屏幕上画一个填充的圆，保存它的信息。改变圆心位置后，在右边重现一个圆。程序中用 for( )循环实现两个圆的往复运动。通过控制坐标位置，而实现碰撞效果。

参考源代码为

```
/* 例 10-10, 10-10.c */
#include <graphics.h>
void main( )
{
    int i, gdriver = DETECT, gmode, size ;
    void *buf ;
    initgraph(&gdriver, &gmode, "");
    setbkcolor(BLUE);
    cleardevice( );                              /*用蓝色清屏*/
    setcolor(LIGHTRED);
    setlinestyle(0, 0, 1);                       /*设置线样式*/
    setfillstyle(1, 10);                         /*设置填充样式*/
    circle(100, 200, 30);                        /* 画一个圆*/
    floodfill(100, 200, 12);
    size = imagesize(69, 169, 131, 231);         /* 计算圆所在正方形区域所需的内存 */
    buf = malloc(size);                          /* 分配内存 */
    getimage(69, 169, 131, 231, buf);            /* 保存图像信息 */
    putimage(500, 269, buf, COPY_PUT);           /* 重现图像信息 */
    for ( i = 0; i < 185; i++ )                  /* 两小球从两边运动到屏幕中间 */
    {
        putimage(70 + i, 170, buf, COPY_PUT);
```

```
        putimage(500 - i, 170, buf, COPY_PUT);
    }
    for ( i = 0; i < 185; i++ )        /* 两小球从屏幕中间滚到两侧 */
    {
        putimage(255 - i, 170, buf, COPY_PUT);
        putimage(315 + i, 170, buf, COPY_PUT);
    }
    closegraph( );
}
```

4．页交替法动画

图形方式下存储在显示缓存（VRAM）中的一满屏图像信息称为一页。每个页一般为 64K 字节，VRAM 可以存储几个页（视 VRAM 容量而定，最大可达 8 页），Turbo C 在图形方式下显示的模式最多支持 4 页。因存储图像的页显示时，一次只能显示一页，因此必须设定某页为当前显示页（又称可视页），缺省时定为 0 页。

正在由用户编辑图形的页称为当前编辑页（又称激活页），在该页上编辑的图形将不会在屏上显示出来。

缺省时 0 页为当前编辑页，即若不用下述的页设置函数进行设置，就认定 0 页既是编辑页，又是当前显示页。设置激活页和显示页的函数如下：

```
void far setactivepage(int pagenum);        /* 设置 pagenum 为编辑页 */
void far setvisualpage(int pagenum);        /* 设置 pagenum 为显示页 */
```

这两个函数只适用于 EGA、VGA 等显示适配器。

【例 10-11】在屏幕上交替显示一个圆和方块。

【简要分析】用 setvisualpage( )和 setactivepage( )函数将当前显示页和编辑页分开，在编辑页上画好图形后，立即令它变为显示页，然后在上次的显示页上（现在变为编辑页）画图，又再次交换。通过如此编辑页和显示页不断反复地交换，产生出动画效果。要让页的交替速度快，唯一的办法是缩短在页上的画图时间。

```
/* 例 10-11, 10-11.c */
#include <graphics.h>
void main( )
{
    int i, graphdriver = DETECT, graphmode, size, page ;
    initgraph(&graphdriver, &graphmode, "");
    cleardevice( );
    setactivepage(1);                 /* 设置 1 页为编辑页 */
    setbkcolor(BLUE);
    setcolor(RED);
    setfillstyle(1, 10);
    circle(130, 270, 30);             /* 画圆 */
    floodfill(130, 270, 4);           /* 用淡绿色填充圆 */
    setactivepage(0);                 /* 设置 0 页为编辑页 */
    cleardevice( );                   /* 清 0 页 */
    setfillstyle(1, 5);
    bar(100, 210, 160, 270);          /* 画方块并填充洋红色 */
    setvisualpage(0);                 /* 设置 0 页为可视页 */
    page = 1 ;
    do
    {
```

```
        setvisualpage(page);              /*显示设定页的图像 */
        delay(5000);                      /*延迟 5000ms，设置两页显示的间隔时间，最大 65535*/
        page = page - 1 ;
        if ( page < 0 )
          page = 1 ;
    } while ( ! kbhit( ) );               /* 按下任意键时结束程序运行 */
    closegraph( );
}
```

10.4 音乐程序设计

首先，我们来看一个有趣例子。

【例 10-12】模拟蝉鸣声。

参考源代码为

```
/* 例 10-12，10-12.c */
#define FALSE 0
#define TRUE 1
#include <dos.h>
void main( )
{
    int snd;
    int cnt;
    int note;
    while ( TRUE )
    {
        nosound( );
        printf("1-siren\n2-overload\n3-whoop\n4-phaser\n0-exit");
        printf("\n\n\n Please select 0-4:  ");
        scanf("%d", &snd);
        if ( snd == 0 )  break ;           /* 结束程序 */
        printf("Nunger of times:");        /* 声音持续的时间 */
        scanf("%d", &cnt);
        while ( cnt-- )
        {
            switch(snd)
            {
                case 1 :                   /* 选择了第 1 种声音 */
                   for ( note = 1000; note > 500; note -= 10 )
                   {
                     sound(note);
                     delay(20);
                   }
                   for ( ; note < 1000; note += 10 )
                   {
                     sound(note);
                     delay(20);
                   }
                   break;
                case 2 :                   /* 选择了第 2 种声音 */
                   for ( note = 4000; note > 10; note -= 10 )
```

```
            {
              sound(note);
              delay(70);
            }
            break ;
         case 3 :             /* 选择了第 3 种声音 */
            for ( note = 1000; note > 10; note -= 10 )
            {
              sound(note);
              delay(200);
            }
           break ;
         case 4 :             /* 选择了第 4 种声音 */
            for ( note = 60; note < 2000; note += 10 )
            {
              sound(note);
              delay(100);
            }
            break ;
         default :
            printf("Invalid entry;try again \n");
            break ;
        }
      }
    }
}
```

本程序执行时，用户输入一个数字以选择声音种类，再输入蝉鸣时间长短，然后开始演奏。

1．简谱的一般知识

音乐是时间的艺术，即把各种音符按不同的时值演奏出来，就可以构成曲调。

因此，音乐程序设计中的两个重要因素是：如何用“曲调定义语言”来表示音符（即音高），如何控制音符的持续时间（即音长）。解决了这两个问题之后，剩下的就是如何用 C 语言控制计算机的扬声器发声。

（1）音符及音长的定义。

音调由音符构成，音调的高低由音符频率决定，频率越高，音调也越高。音乐中使用的频率一般为 131～1976Hz，它包括了中音 C 调及其前后的 4 个 8 度的音程，如表 10-16 所示。

表 10-16　　　　音符、音调、频率、简谱的关系

低音	音符	c	d	e	f	g	a	b
	简谱	1	2	3	4	5	6	7
	频率	262	294	330	349	392	440	494
中音	音符	c	d	e	f	g	a	b
	简谱	1	2	3	4	5	6	7
	频率	523	587	659	698	784	880	988
高音	音符	c	d	e	f	g	a	b
	简谱	1	2	3	4	5	6	7
	频率	1047	1175	1319	1397	2568	1760	1976

用 C 语言的枚举类型常量可定义上述表中的各音符的频率。枚举类型与结构一样，属构造类型，它的定义符是 enum，枚举变量的取值仅限于罗列出来的值的集合范围。如果乐曲中有比表中的音符更高的音调，则可根据表上的有关值推出。如高 8 度的 C、D 和 E 的频率分别为 2091，2350 和 2638，也可能还要做适当的调整。

```
enum  NOTES
{
   C10 = 131, D10 = 147, E10 = 165, F10 = 175, G10 = 196, A10 = 220, B10 = 247,
   C0 = 262, D0 = 294, E0 = 330, F0 = 349, G0 = 392, A0 = 440, B0 = 494,
   C1 = 523, D1 = 587, E1 = 659, F1 = 698, G1 = 784, A1 = 880, B1 = 988,
   C2 = 1047, D2 = 1175, E2 = 1319, F2 = 1397, G2 = 1568, A2 = 1760, B2 = 1976
}
```

音长即一个音符的持续时间。在乐曲中，音长用全音符、半音符、4 分音符……来表示，通常以 4 分音符 1 拍。音长可用下面定义：

```
#define  N1  32
#define  N2  16
#define  N4  8
#define  N8  4
#define  N16  2
#define  END  0
```

如果感觉计算机所演奏的乐曲速度过快，可以适当调整上面的值。

（2）用 C 语言定义音乐。

NOTES 类型中各音调对应的简谱如表 10-17 所示。

表 10-17　单调与简谱对照表

简谱	1	2	3	4	5	6	7
音符字符	C10	D10	E10	F10	G10	A10	B10
简谱	1	2	3	4	5	6	7
音符字符	C0	D0	E0	F0	G0	A0	B0
简谱	$\dot{1}$	$\dot{2}$	$\dot{3}$	$\dot{4}$	$\dot{5}$	$\dot{6}$	$\dot{7}$
音符字符	C1	D1	E1	F1	G1	A1	B1
简谱	$\ddot{1}$	$\ddot{2}$	$\ddot{3}$	$\ddot{4}$	$\ddot{5}$	$\ddot{6}$	$\ddot{7}$
音符字符	C2	D2	E2	F2	G2	A2	B2

例如，假定有两小节乐谱“2.321 6|5 35 6.1|”，共有 10 个音符，其音高和音长如表 10-18 所示。

表 10-18　乐谱“2.321 6|5 35 6.1|”的音高与音长

音符	音高	音长	音符	音高	音长	音符	音高	音长	音符	音高	音长
2	D0	N4+N8	3	E0	N16	2	D0	N16	1	C	N4+N8
6	A10	N8	5	C10	N4	3	E10	N8	5	G10	N8
6	A10	N4+N8	1	C0	N16						

（3）控制扬声器发声。

控制扬声器发声用函数 outportb( )，函数的原型在“dos.h”文件中，其一般格式是：

```
void outportb(unsigned char port, unsigned char value);
```

port 为端口地址，*byte* 为传送给端口的字节。扬声器的端口地址为 0x42。

要使发声延迟，将要用到“clock_t”类型变量 *goal* 和 clock( )库函数，变量和程序的原型在“time.h”文件中，使扬声器发声的步骤为：

① 初始化端口 0x42。

② 向端口 0x42 传送声频率 *fre*。

③ 延迟，当 *goal*>*clock*( )时，做循环。

2. TC 音乐函数

C 语言用 3 个库函数使 PC 发声：sound( )打开声音，nosound( )关闭声音，delay( )持续声音。它们包含在“dos.h”中，一般格式如下：

```
void sound (unsigned int frequency);          /* frequency 为频率，单位 Hz */
void nosound (void);                          /*停止发声*/
void delay(unsigned int milliseconde);        /* milliseconde 延时时间（0～65535 毫秒）*/
```

【例 10-13】演奏各种频率的声音。

参考源代码为

```
/#例 10-13, 10-13.C*/
#include <dos.h>
#include <stdio.h>
#include <stdlib.h>
#include <time.h>
void main( )
{
    int i, j ;
    randomize( );
    while ( ! bioskey(1) )
    {
        i = rand( ) * 5000 ;
        sound(i);
        delay(10);
    }
    nosound( );
}
```

【例 10-14】编写完整代码，演奏曲谱《好人一生平安》。

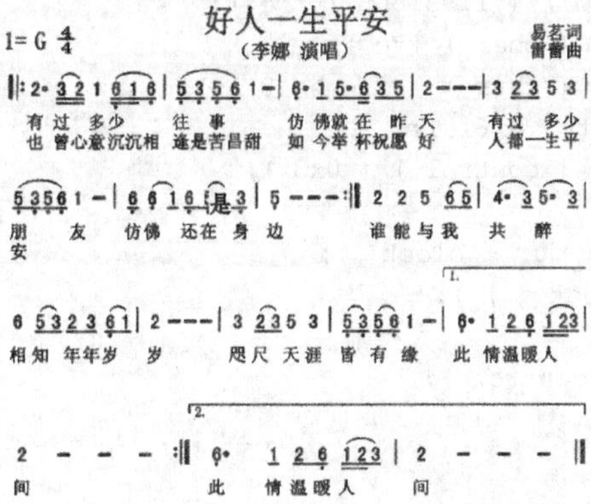

参考源代码为

```
/* 例10-14，10-14.c */
#include <time.h>
#include <dos.h>
#define N1 64  /* 定义音长 */
#define N2 32
#define N4 16
#define N8 8
#define N16 4
#define END 0

enum NOTES   /* 定义音阶，即各音符的频率 */
{
   C10 = 131, D10 = 147, E10 = 165, F10 = 175, G10 = 196, A10 = 220, B10 = 247,
   C0 = 262, D0 = 296, E0 = 330, F0 = 349, G0 = 392, A0 = 440, B0 = 494,
   C1 = 525, D1 = 587, E1 = 659, F1 = 698, G1 = 784, A1 = 880, B1 = 988,
   C2 = 1047, D2 = 1175, E2 = 1319, F2 = 1397, G2 = 1568, A2 = 1760, B2 = 1796
} song[] = {
   D0, N4, E0, N8, D0, N8, C0, N4, A10, N4, G10, N8, E10, N8, G10, N8, A10,
   N8, C0, N2, A10, N4, A10, N8, C0, N8, G10, N8, A0, N8, E0, N8, G0, N8,
   D0, N2, E0, N4, D0, N8, E0, N8, G0, N4, E0, N4, G10, N8, E10, N8, G10,
   N8, A10, N8, C0, N2, A10, N4, A10, N8, C0, N8, A10, N8, A10, N8, D10,
   N8, E10, N8, G10, N2, D0, N4, D0, N4, G0, N4, A0, N8, G0, N8, F0, N2, G0,
   N2, A0, N4, G0, N8, E0, N8, D0, N8, E0, N8, C0, N8, A10, N8, D0, N2, E0,
   N4, G0, N8, E0, N8, G0, N4, E0, N4, G10, N8, E10, N8, G10, N8, A10, N8,
   C0, N4, A10, N4, A10, N8, C0, N8, D0, N8, A10, N8, C0, N8, E0, N8, D0,
   N1, END, END };
/* 这是用上面的定义来写的谱 */
void main( )
{
    int note = 0, fre, dur, control;
    clock_t goal;
    while ( song[note] != 0 )
    {
      fre = song[note];
      dur = song[note + 1];
      if ( kbhit( ) ) break;
      if ( fre )
      {
         outportb( 0x43, 0xb6 );
         fre = ( unsigned ) ( 1193180L / fre );
         outportb( 0x42, ( char ) fre );
         outportb( 0x42, ( char ) ( fre >> 8 ) );
         control = inportb( 0x61 );
         outportb( 0x61, ( control ) | 0x3 );
      }
      goal = ( clock_t ) dur + clock( );
      while ( goal > clock ( ) );
      if ( fre )
        outportb( 0x61, control );
      goal = (clock_t) 0;
      note = note + 2;
    }
}
```

【模仿训练】《生日歌》简谱（1=F）如下行，写程序将它演奏 3 遍。

|| 3 3 4 3 1 | 7-33 | 4 3 2 | 1-55 | 3 3 1 | 7 6 66 | 5 6 7 | 1 -33 ||

课堂练习 1

编制 C 程序演奏歌曲《小城故事》。

习题

一、填空题

1. 在缺省情况下，Turbo C 中文本模式屏幕坐标为每屏________列________行，屏幕的左上角为________列________行，右下角为________列________行。

2. 在文本模式下，显示的基本单位是________；在图形模式下，显示的基本单位是________。

3. 在图形模式下进行图形处理前，必须先要进行________，并且在图形处理结束后还需要________。

4. 图形软件在执行时需要________的支持。

二、实训题（描述算法、编写代码、上机实训）

1. 使用随机函数 rand( )和延时函数 delay( )，在屏幕上随机位置显示出彩色文字。

2. 编写程序在屏幕中央显示立体感的“Good morning!”，再在此基础上将字符串放大立体显示。

3. 编程在屏幕上画 10 个半径和颜色不同的同心圆。

4. 设计一个小车在屏幕上沿水平轨道从左向右循环行驶。

附录A

7位ASCII表

字符	十进制	十六进制	字符	十进制	十六进制	字符	十进制	十六进制	字符	十进制	十六进制
(nul)	0	0x00	(sp)	32	0x20	@	64	0x40	`	96	0x60
(soh)	1	0x01	!	33	0x21	A	65	0x41	a	97	0x61
(stx)	2	0x02	"	34	0x22	B	66	0x42	b	98	0x62
(etx)	3	0x03	#	35	0x23	C	67	0x43	c	99	0x63
(eot)	4	0x04	$	36	0x24	D	68	0x44	d	100	0x64
(enq)	5	0x05	%	37	0x25	E	69	0x45	e	101	0x65
(ack)	6	0x06	&	38	0x26	F	70	0x46	f	102	0x66
(bel)	7	0x07	'	39	0x27	G	71	0x47	g	103	0x67
(bs)	8	0x08	(	40	0x28	H	72	0x48	h	104	0x68
(ht)	9	0x09	)	41	0x29	I	73	0x49	i	105	0x69
(nl)	10	0x0a	*	42	0x2a	J	74	0x4a	j	106	0x6a
(vt)	11	0x0b	+	43	0x2b	K	75	0x4b	k	107	0x6b
(np)	12	0x0c	,	44	0x2c	L	76	0x4c	l	108	0x6c
(cr)	13	0x0d	−	45	0x2d	M	77	0x4d	m	109	0x6d
(so)	14	0x0e	.	46	0x2e	N	78	0x4e	n	110	0x6e
(si)	15	0x0f	/	47	0x2f	O	79	0x4f	o	111	0x6f
(dle)	16	0x10	0	48	0x30	P	80	0x50	p	112	0x70
(dc1)	17	0x11	1	49	0x31	Q	81	0x51	q	113	0x71
(dc2)	18	0x12	2	50	0x32	R	82	0x52	r	114	0x72
(dc3)	19	0x13	3	51	0x33	S	83	0x53	s	115	0x73
(dc4)	20	0x14	4	52	0x34	T	84	0x54	t	116	0x74
(nak)	21	0x15	5	53	0x35	U	85	0x55	u	117	0x75
(syn)	22	0x16	6	54	0x36	V	86	0x56	v	118	0x76
(etb)	23	0x17	7	55	0x37	W	87	0x57	w	119	0x77
(can)	24	0x18	8	56	0x38	X	88	0x58	x	120	0x78
(em)	25	0x19	9	57	0x39	Y	89	0x59	y	121	0x79
(sub)	26	0x1a	:	58	0x3a	Z	90	0x5a	z	122	0x7a
(esc)	27	0x1b	;	59	0x3b	[	91	0x5b	{	123	0x7b
(fs)	28	0x1c	<	60	0x3c	\	92	0x5c	|	124	0x7c
(gs)	29	0x1d	=	61	0x3d	]	93	0x5d	}	125	0x7d
(rs)	30	0x1e	>	62	0x3e	^	94	0x5e	~	126	0x7e
(us)	31	0x1f	?	63	0x3f	_	95	0x5f	(del)	127	0x7f

附录B

常用标准函数表

一、文本模式下的函数

函数名	原型	头文件	函数功能
atof( )	double atof(char *str)	math.h stdlib.h	把由 *str* 所指向的字符串转变为一个双精度值
atoi( )	int atoi(char *str)	stdlib.h	把由 *str* 所指向的字符串转变为一个整型值
bioskey( )	bioskey(int cmd)	bios.h	键盘接收
clrscr( )	void clrscr(void)	conio.h	清除文本模式窗口中的内容
cprintf( )	int cprintf(const char *str)	conio.h	在屏幕上的文本窗口中格式化输出
delay( )	void delay(time)	dos.h	以毫秒为单位中断执行一段时间
exit( )	void exit(int status)	stdio.h	使程序立即正常终止
getch( )	int getch(void)	conio.h	从控制台读取一个字符
gotoxy( )	void gotoxy(int x,int y)	conio.h	在文本窗口中将光标定位到第 *y* 行第 *x* 列位置上
gettext( )	int gettext(int left,int top,int right,int bottom,void *save)	conio.h	文本模式下将屏幕上指定位置的文本拷贝到内存中
puttext( )	int puttext(int left,int top,int right,int bottom,void *save)	conio.h	将内存中的文本拷贝到屏幕上
memcpy( )	void *memcpy(char *dest,char *src, unsigned count)	string.h mem.h	从 *src* 所指字符串中拷贝 *count* 个字符到 *dest* 所指的数组
putch( )	int putch(char ch)	conio.h	把 *ch* 的字符写到当前文本屏幕上
randomize( )	void randomize( )	stdlib.h	随机数初始化生成器
random( )	int random(int n)	stdlib.h	返回一个 0～*n*-1 之间的整数
sprintf( )	int sprintf(char *buf,char *format, arg_list)	stdio.h	与 printf 的作用相同，只是它产生的输出被写入 *buf* 所指向的数组中
textcolor( )	void textcolor(int color)	conio.h	选择文本模式下字符的新颜色
textbackground( )	void textbackground(int color)	conio.h	文本新的背景颜色
textmode( )	void textmode(int mode)	conio.h	更改文本模式下的屏幕模式
window( )	int window(int left,int top,int right,int bottom)	conio.h	定义激活的文本模式窗口

二、图形模式下的函数

（注：以下函数原型在头文件 graphics.h 中）

函数名	原型	函数功能
line( )	line(int x1,int y1,int x2,int y2)	在两点之间画一条线
circle( )	circle(int x,int y,int r)	通过给定的圆心和半径画圆
rectangle( )	void far rectangle(int left,int top,int right,int bottom)	在图形模式下画一个矩形
setcolor( )	void far setcolor(int color)	设置当前画笔颜色
setbkcolor( )	void far setbkcolor(int color)	使用调色板设置当前的背景颜色
cleardevive( )	void far cleardevice(void)	清除图形画面
setfillstyle( )	void far setfillstyle(int pattern,int color)	设置填充模式下的式样和颜色
bar( )	void far bar(int left,int top,int right,int bottom)	画填充矩形
fillellipse( )	void far fillellipse(int x,int y,int xradius,int yradius)	画出以（x，y）为中心点，*xradius* 为横轴半径，*yradius* 为纵轴半径的填充椭圆
putpixel( )	void far putpixel(int x,int y,int color)	在指定位置上画一个像素
settextstyle( )	void far settextstyle(int font,int dirction,int charsize)	设置当前文本属性
outtextxy( )	void far outtextxy(int x,int y,char far*string)	图形模式下在指定位置输出一个字符串
imagesize( )	unsigned far imagesize(int left,int top,int right,int bottom)	返回存储位图所需的字节数
getimage( )	void far getimage(int left,int top,int right,int bottom,void far*bitmap)	将指定区域的位图保存到内存中
putimage( )	void far putimage(int left,int top,void far *bitmap,int op)	在屏幕上输出一幅位图
grapherrormsg( )	char far*grapherrormsg(int errcode)	返回指向 *errcode* 的错误信息指针
getpalette( )	void far getpalette(struct palettetype far *pal)	将当前调色板的信息装入由 *pal* 所指向的结构中
getmaxcolor( )	int far getmaxcolor(void)	返回当前图形模式下的最大有效颜色值
getmaxx( )	int far getmaxx(void)	返回当前图形模式下的最大有效 *x* 值
getmaxy( )	int far getmaxy(void)	返回当前图形模式下的最大有效 *y* 值
getaspectratio( )	void far getaspectratio(int far *xasp,int far *yasp)	把 *x* 纵横比拷贝到由 *xasp* 所指向的变量中去，把 *y* 纵横比拷贝到由 *yasp* 所指向的变量中去
setviewport( )	void far setviewport(int left,int top,int right,int bottom,int clip)	按指定的坐标建一个新的视口
settextjustify( )	void far settextjustify(int horize,int vert)	设置字符排列方式，可以是水平方向向左、中间、右对齐，垂直方向向下、中间、上对齐
textheight( )	int far textheight(char far *str)	以像素为单位返回由 *str* 所指向的字符串高度，它是针对当前字符的字体及大小的

附录C

C语言语法格式（常用）

1．常量

常量分整型、实型、字符型和字符串型等，其中整型又分有符号数、无符号数两类。根据数据范围，整型分长整型、短整型两类；按进制整型可分为十、八、十六3种进制，其格式控制符分别为%d、%0、%0x。

对实型常量，数值太大或太小的数用小数表示不方便，就使用科学计数法表示。

"hellow! "是字符串常量（双引号作为定界符）。

'a'是字符常量（单引号作为定界符）。

2．变量

变量类型与常量相同。变量名是以字母或下线开头的字母和数字的序列。变量名不能与保留字相同。变量须先定义后使用，其实质是预留指定长度的字节空间。变量定义格式：

类型符　各变量;

数组是若干同类型数据的有序组合，在内存中是连续存放的，数组名代表存放的起始地址，常用下标法访问每一个元素。对数组的输入/输出一般采用循环程序结构，数组定义格式是：

类型符　数组名[长度];

指针就是存放地址的变量，通过指针间接访问数据是一种非常科学的方法，能够提高程序的可读性和通用性。其定义格式是：

类型符　*指针变量;

结构变量是一种构造类型的变量，是根据用户需要自己定义，它把一件对象的各个属性定义为成员，对成员的访问方法是：结构变量名.成员名。结构名的定义格式是：

```
struct 结构名
 { …
   类型  成员名;
   …
 }
```

结构变量名的定义格式如：

结构名　结构变量名,结构数组名[长度]…

变量按作用域分全局变量、局部变量两种，前者从变量定义行到程序结束有效，后者在定义变量的函数体内有效。变量按生存期分静态存储变量和动态存储变量两类，前者在整个程序运行期间都存在，后者在调用函数时临时分配单元。

变量的存储类别有四种：auto、static、register、extern。定义变量完整的格式是：

存储类别　类型符　各变量;

3．运算符

C 运算符有三要素：目数、优先级、结合方向，分算术、关系、逻辑、赋值、逗号、条件、数据长度、位和专用运算符等多类。

4．函数

C 函数分标准函数和自定义函数两类。标准函数常用的有数学函数、字符函数、字符串函数、屏幕函数、标准输入/输出函数、库函数等类，分别包含于 math.h、ctype.h、string.h、conio.h、stdio.h、stdlib.h 头文件中，其形式如：#include "math.h"。

自定义函数的定义格式：

数据类型　函数名(形参列表)

```
{
  函数体;
 [ return 表达式; ]
}
```

自定义函数按参数分有形参、无形参两类；按返回值分返回单值、返回多值和无返回值三种，当返回单值时常用 return 语句，无返回值函数类型为空类型 void，返回多值常用全局变量、用数组作形参等技术实现。

自定义函数之间可以互相调用，但自定义函数内不能再定义自定义函数。所有函数无论直接或间接均受主函数 main( )调用。自定义函数的调用有表达式调用、语句调用和递归调用等形式。

实参与形参类型相同、个数相同、一一对应。

5．表达式

表达式是由常数、变量、运算符、函数等元素组成的式子。表达式值的类型与表达式中元素的最大类型相同。表达式类型有自动转换和强制转换两种，前者转换原则是小精度向高精度靠拢，后者用专门格式：（类型）　表达式。

6．输入/输出函数

scanf("各格式控制符",各变量);

专用于字符的输入函数：getch( )、getche( )、getchar( )。

专用于字符串的输入函数：gets(str)。

printf("各格式控制符",各输出项);

专用于字符的输出函数：putchar(c)。

字符串输出函数：puts(str)。

格式控制符有：%d，%ld，%f，%c，%s。

7．选择语句

C 提供两种选择语句，即 if 和 switch，一般格式是：

①　if (条件)　{ 语句组; }

②　if (条件)　{ 语句组 1; }

else { 语句组 2; }

③　switch (表达式)

```
{ case 常量1: { 语句组1; }
  case 常量2: { 语句组2; }
    …
  case 常量n: { 语句组n; }
  default: { 语句组n+1; }
}
```

8. 循环语句

C提供三种循环语句，即for、while和do-while，其一般格式是：

①　for(表达式1; 表达式2; 表达式3)

```
{
  循环体;
}
```

②　while(条件)

```
{
   循环体;
}
```

③　do

```
{
循环体;
} while(条件);
```

循环体内可用continue语句（开始下一次循环）和break语句（终止循环）。

9. 预处理

#define 宏　字符串

10. 文件

文件操作分打开、读写、关闭三步。

文件定义格式:

FILE　*文件指针;

文件打开函数：fopen( )。

文件读函数：fscanf( )、fgetc( )、fgets( )、fread( )。

文件写函数：fprintf( )、fputc( )、fputs( )、fwrite( )。

文件关闭函数：fclose（文件指针）。

文件结束函数：feof（文件指针）。

文件定位函数：rewind( )。

附录D C语言颜色表

一、颜色表

符号常数	数值	含义	字符或背景
BLACK	0	黑	字符/背景
BLUE	1	蓝	字符/背景
GREEN	2	绿	字符/背景
CYAN	3	青	字符/背景
RED	4	红	字符/背景
MAGENTA	5	洋红	字符/背景
BROWN	6	棕	字符/背景
LIGHTGRAY	7	淡灰	字符/背景
DARKGRAY	8	深灰	字符
LIGHTBLUE	9	淡蓝	字符
LIGHTGREEN	10	淡绿	字符
LIGHTCYAN	11	淡青	字符
LIGHTRED	12	淡红	字符
LIGHTMAGENTA	13	淡洋红	字符
YELLOW	14	黄	字符
WHITE	15	白	字符

二、填充模式表

填充模式	数值	含义
EMPTY_FILL	0	背景颜色填充
SOLID_FILL	1	实心填充
LINE_FILL	2	横线填充
LTSLASH_FILL	3	细的斜线填充
SLASH_FILL	4	粗的斜线填充
BKSLASH_FILL	5	粗的反斜线填充

续表

填充模式	数值	含义
LTBKSLASH_FILL	6	细的反斜线填充
HATCH_FILL	7	细的网格填充
XHATCH_FILL	8	粗的网格填充
INTTERLEAVE_FILL	9	水平交错线填充
WIDE_DOT_FILL	10	稀疏点线填充
CLOSE_DOS_FILL	11	稠密点线填充

附录E

全国计算机等级考试题分析

第 01 套

给定程序中，函数 fun 的功能是：将形参 *n* 所指变量中，各位上为偶数的数去除，剩余的数按原来从高位到低位的顺序组成一个新的数，并通过形参指针 *n* 传回所指变量。

例如，输入一个数：27638496，新的数为 739。

请在程序的下划线处填入正确的内容并把下划线删除，使程序得出正确的结果。

不得增行或删行，也不得更改程序的结构！

给定源程序：

```
#include <stdio.h>
void fun(unsigned long *n)
{ unsigned long x=0, i; int t;
i=1;
while(*n)
/**********found**********/
{ t=*n % __1__;
/**********found**********/
if(t%2!= __2__)
{ x=x+t*i; i=i*10; }
*n =*n /10;
}
/**********found**********/
*n=__3__;
}
main()
{  unsigned long n=-1;
   while(n>99999999||n<0)
{ printf("Please input(0<n<100000000): "); scanf("%ld",&n); }
   fun(&n);
   printf("\nThe result is: %ld\n",n);
}
```

解题思路：

第一处，*t* 是通过取模的方式来得到*n 的个位数字，所以应填 10。

第二处，判断是否是奇数，所以应填0。

第三处，最后通过形参 *n* 来返回新数 *x*，所以应填 *x*。

第02套

给定程序中,函数fun的功能是将形参给定的字符串、整数、浮点数写到文本文件中，再用字符方式从此文本文件中逐个读入并显示在终端屏幕上。

请在程序的下划线处填入正确的内容并把下划线删除, 使程序得出正确的结果。

注意：不得增行或删行，也不得更改程序的结构!

给定源程序：

```
#include <stdio.h>
void fun(char *s, int a, double f)
{
/**********found**********/
__1__ fp;
char ch;
fp = fopen("file1.txt", "w");
fprintf(fp, "%s %d %f\n", s, a, f);
fclose(fp);
fp = fopen("file1.txt", "r");
printf("\nThe result :\n\n");
ch = fgetc(fp);
/**********found**********/
while (!feof(__2__)) {
/**********found**********/
putchar(__3__); ch = fgetc(fp); }
putchar('\n');
fclose(fp);
}
main()
{ char a[10]="Hello!"; int b=12345;
double c= 98.76;
fun(a,b,c);
}
```

解题思路：

本题是考察先把给定的数据写入到文本文件中，再从该文件读出并显示在屏幕上。

第一处，定义文本文件类型变量，所以应填FILE*。

第二处，判断文件是否结束，所以应填 *fp*。

第三处，显示读出的字符，所以应填 *ch*。

第03套

程序通过定义学生结构体变量，存储了学生的学号、姓名和3门课的成绩。所有学生数据均以二进制方式输出到文件中。函数fun的功能是从形参 *filename* 所指的文件中读入学生数据，并按照学号从小到大排序后，再用二进制方式把排序后的学生数据输出到 *filename* 所指的文件中，覆盖原来的文件内容。

请在程序的下划线处填入正确的内容并把下划线删除，使程序得出正确的结果。

注意：不得增行或删行，也不得更改程序的结构！

给定源程序：

```
#include <stdio.h>
#define N 5
typedef struct student {
long sno;
char name[10];
float score[3];
} STU;
void fun(char *filename)
{ FILE *fp; int i, j;
STU s[N], t;
/**********found**********/
fp = fopen(filename, __1__);
fread(s, sizeof(STU), N, fp);
fclose(fp);
for (i=0; i<N-1; i++)
for (j=i+1; j<N; j++)
/**********found**********/
if (s[i].sno __2__ s[j].sno)
{ t = s[i]; s[i] = s[j]; s[j] = t; }
fp = fopen(filename, "wb");
/**********found**********/
__3__(s, sizeof(STU), N, fp); /* 二进制输出 */
fclose(fp);
}
main()
{ STU t[N]={ {10005,"ZhangSan", 95, 80, 88}, {10003,"LiSi", 85, 70, 78},
{10002,"CaoKai", 75, 60, 88}, {10004,"FangFang", 90, 82, 87},
{10001,"MaChao", 91, 92, 77}}, ss[N];
int i,j; FILE *fp;
fp = fopen("student.dat", "wb");
fwrite(t, sizeof(STU), 5, fp);
fclose(fp);
printf("\n\nThe original data :\n\n");
for (j=0; j<N; j++)
{ printf("\nNo: %ld Name: %-8s Scores: ",t[j].sno, t[j].name);
for (i=0; i<3; i++) printf("%6.2f ", t[j].score[i]);
printf("\n");
}
fun("student.dat");
printf("\n\nThe data after sorting :\n\n");
fp = fopen("student.dat", "rb");
fread(ss, sizeof(STU), 5, fp);
```

```
fclose(fp);
for (j=0; j<N; j++)
{ printf("\nNo: %ld Name: %-8s Scores: ",ss[j].sno, ss[j].name);
for (i=0; i<3; i++) printf("%6.2f ", ss[j].score[i]);
printf("\n");
}
}
```

解题思路：

本题是考察把结构中的数据写入文件。

第一处，建立文件的类型，考虑到是把结构中的数据（结构中的数据包含不打印的字符）从文件中读出，所以应填"rb"。

第二处，判断当前学号是否大于刚读出的学号，如果大于，则进行交换，所以应填>。

第三处，把已排序的结构数据，重新写入文件，所以应填 fwrite。

第 04 套

给定程序中,函数 fun 的功能是将参数给定的字符串、整数、浮点数写到文本文件中，再用字符串方式从此文本文件中逐个读入，并调用库函数 atoi 和 atof 将字符串转换成相应的整数、浮点数，然后将其显示在屏幕上。

请在程序的下划线处填入正确的内容并把下划线删除，使程序得出正确的结果。

注意：不得增行或删行，也不得更改程序的结构！

给定源程序：

```
#include <stdio.h>
#include <stdlib.h>
void fun(char *s, int a, double f)
{
/**********found**********/
__1__ fp;
char str[100], str1[100], str2[100];
int a1; double f1;
fp = fopen("file1.txt", "w");

fprintf(fp, "%s %d %f\n", s, a, f);
/**********found**********/
__2__ ;
fp = fopen("file1.txt", "r");
/**********found**********/
fscanf(__3__,"%s%s%s", str, str1, str2);
fclose(fp);
a1 = atoi(str1);
f1 = atof(str2);
printf("\nThe result :\n\n%s %d %f\n", str, a1, f1);
}
main()
{ char a[10]="Hello!"; int b=12345;
```

```
double c= 98.76;
fun(a,b,c);
}
```

解题思路：

本题是考察先把给定的数据写入到文本文件中，再从该文件读出并转换成相应的整数、浮点数显示在屏幕上。

第一处，定义文本文件类型变量，所以应填 FILE *。

第二处，关闭刚写入的文件，所以应填 fclose(*fp*)。

第三处，从文件中读出数据，所以应填 *fp*。

第05套

给定程序中，函数 fun 的功能是：判断形参 *s* 所指字符串是否是“回文”（Palindrome），若是，函数返回值为1；不是，函数返回值为0。“回文”是正读和反读都一样的字符串（不区分大小写字母）。

例如，LEVEL 和 Level 是“回文”，而 LEVLEV 不是“回文”。

请在程序的下划线处填入正确的内容并把下划线删除，使程序得出正确的结果。

注意：不得增行或删行，也不得更改程序的结构！

给定源程序：

```
#include <stdio.h>
#include <string.h>
#include <ctype.h>
int fun(char *s)
{ char *lp,*rp;
/*********found*********/
lp= __1__ ;
rp=s+strlen(s)-1;
while((toupper(*lp)==toupper(*rp)) && (lp<rp) ) {
/*********found*********/
lp++; rp __2__ ; }
/*********found*********/
if(lp<rp) __3__ ;
else return 1;
}
main()
{ char s[81];
printf("Enter a string: "); scanf("%s",s);
if(fun(s)) printf("\n\"%s\" is a Palindrome.\n\n",s);
else printf("\n\"%s\" isn't a Palindrome.\n\n",s);
}
```

解题思路：

本题是判断字符串是否是“回文”。

第一处，根据函数体 fun 中，对变量 *lp* 的使用可知，*lp* 应指向形参 *s*，所以应填 *s*。

第二处，*rp* 是指向字符串的尾指针，每做一次循环 *rp* 指向就要指向前一个字符，所以应填。

第三处，当 *lp* 和 *rp* 相等时，则表示字符串是回文并返回1，否则就返回0，所以应填 return 0。